Typenatlas
Österreichische Lokomotiven und Triebwagen

Österreichische Lokomotiven und Triebwagen

ÖBB und Privatbahnen

Markus Inderst

VGB [VERLAGSGRUPPE BAHN] | GeraMond

INHALT

VORWORT

2015 gab der GeraMond-Verlag einen Typenatlas über die Lokomotiven und Triebwagen der Privatbahnen in Österreich heraus, der die Technik, die Geschichte und den Einsatz der Triebfahrzeuge zum Inhalt hatte. Fünf Jahre zuvor erschien ebenfalls beim GeraMond-Verlag der erste Bildatlas über die Triebfahrzeuge der ÖBB. Als Autor hat es mich damals außerordentlich gefreut, dass beide Werke einen überaus großen Zuspruch seitens der Leserschaft erfahren haben.

Die Typenvielfalt der in Österreich eingesetzten Triebfahrzeuge ist in den vergangenen Jahren deutlich zurückgegangen. Wenn man einen Blick auf das Staatsunternehmen Österreichische Bundesbahnen wirft, stellt man fest, dass statt der einstigen Triebfahrzeugvielfalt auf vielen Strecken nur noch wenige Fahrzeugtypen das Betriebsgeschehen dominieren. Ähnliches gibt es auch von vielen Privatbahnen in Österreich zu vermelden. Einst waren hier vielfach Loktypen anzutreffen, die lediglich in Kleinserien gebaut worden waren. Die Privatbahnen boten daher ein sehr vielfältiges und abwechslungsreiches Bild. Dies war 2015 auch der Grund, den Typenatlas „Österreichische Privatbahnen" herauszugeben. Seither hat sich der Eisenbahnmarkt in Österreich massiv verändert und auch für die Zukunft stehen die Zeichen auf Veränderung.

Es war daher an der Zeit, aufgrund der Änderungen bei den ÖBB und den Privatbahnen einen aktuellen Typenatlas zu erstellen, um zu dokumentieren, welche Typen aktuell in Verwendung stehen und auf den heimischen Schienen in Österreich zu sehen sind. Gegenüber dem Werk von 2015 wurden zahlreiche Lokomotiven von Privatbahnen nicht berücksichtigt, die entweder aus dem Bestand ausgeschieden sind oder aber in der Zugförderung momentan keine bedeutende Rolle mehr spielen, andererseits wurden Triebfahrzeuge in die Auswahl für diesen Typenatlas aufgenommen, die 2015 aus Platzgründen oder mangels betrieblicher Relevanz keine Berücksichtigung gefunden haben.

Dieses Buch stellt eine Momentaufnahme dar, denn die aktuell stärker denn je geführte Diskussion über den Klimawandel und die Abkehr von Fahrzeugen mit Verbrennungsmotoren wird in den nächsten Jahren zahlreiche Veränderungen nach sich ziehen. Sowohl mehrere Nebenbahnstrecken der ÖBB als auch einige Privatbahnen werden in den kommenden Jahren elektrifiziert, die Beschaffung neuer Triebfahrzeuge ist daher notwendig. Die ÖBB haben beschlossen, die Dekarbonisierung voranzutreiben und ungefähr ab dem Jahr 2030 nur noch emissionsfreie Fahrbetriebsmittel einzusetzen. Ein Lichtblick stellt dabei nicht nur die Wasserstofftechnologie dar, sondern auch die Option Akku-Triebwagen. An dieser Stelle sei nur an den Einsatz des iLint von Alstom oder des Cityjet Eco aus dem Hause Siemens erinnert. Die bisher eingesetzten Dieseltriebwagen rollen auf das Abstellgleis und selbst bei den Dieselloks denkt man über alternative Antriebskonzepte oder Hybridfunktionen nach.

Diesem Veränderungsprozess stellen sich auch die großen Privatbahnen. Die Zillertalbahn plant die Einführung des Wasserstoffbetriebes, bei der Pinzgaubahn steht die Elektrifizierung ins Haus und auch das Netz der Graz-Köflacher Eisenbahn soll mit einer Oberleitung ausgerüstet werden. Ersatzbeschaffungen stehen u.a. bei der Salzburger Lokalbahn, den Wiener Lokalbahnen und bei Stern & Hafferl an. Während alte Fahrzeugtypen verschwinden werden, treten neue Konstruktionen künftig an ihre Stelle.

Das vorliegende Buch beschreibt sowohl Triebfahrzeuge der Staatsbahn ÖBB als auch von Privatbahnen und ist in vier große Kapitel gegliedert. Zu Beginn werden die von den ÖBB eingesetzten Fahrbetriebsmittel vorgestellt. Es folgen die Triebfahrzeuge, die einst von den Österreichischen Bundesbahnen beschafft worden waren und die heute bei privaten Eisenbahnverkehrsunternehmen in Österreich in Verwendung stehen. Den größten Seitenumfang nehmen die Privatbahnen mit ihren zahlreichen Triebfahrzeugtypen ein. In diesem Kapitel sind auch die bei den Reisenden und den Eisenbahnfotografen gleichermaßen beliebten Dampflokomotiven ein wichtiges Thema. Das letzte Kapitel führt die Veränderungen im Eisenbahnmarkt vor Augen: Es werden Elektrolokomotiven beschrieben, die in den letzten 15 Jahren in Dienst gestellt wurden und sich entweder im Eigentum österreichischer Eisenbahnverkehrsunternehmen befinden oder aber von diesen angemietet worden sind. Schon beim ersten Blättern im Typenatlas sieht man, wie bunt und abwechslungsreich das Gesicht der Eisenbahnen in Österreich ist, wiewohl die Typenvielfalt stetig abgenommen hat.

Das vorliegende Buch erforderte einen großen Rechercheaufwand. Viele fleißige Helfer ermöglichten erst die Erstellung des Manuskripts für diesen Typenatlas. Ich bedanke mich daher an dieser Stelle bei allen Informanten, Auskunftspersonen und Bildgebern, die zum Gelingen dieser Publikation beigetragen haben. Mein Dank gilt namentlich folgenden Personen: Heribert Fladerer, Adrian Geringer, Peter Haslebner, Ernst Kabelka, Ing. Peter Kuderna, Herwig Luttenberger, Erich Nährer, Dr. Helmut Petrovitsch und Dietmar Zehetner. Seitens der Eisenbahnverkehrsunternehmen gilt mein Dank folgenden Personen: Frau Mag. (FH) Agota Acs und Herrn Christian Halbauer (Raaberbahn/GySEV), Herrn Thomas Oberkalmsteiner (SLB), Herrn DI (FH) Laurenz Neumann (Stern & Hafferl), Frau Ines Volpert (Westbahn) und Herrn DI Pejic Dejan (Wiener Lokalbahnen Cargo).

Abschließend darf ich Ihnen, geschätzte Freunde und Freundinnen der Österreichischen Bundesbahnen sowie der Privatbahnen in Österreich, viel Freude mit diesem Werk wünschen.

Mag. Markus Inderst
Biberwier im Frühjahr 2022

1016.036 ist eine von drei Lokomotiven im CAT-Design, aufgenommen am 5. September 2018 auf der Brenner-Nordrampe bei Wolf.

Der EC 164 wird im Abschnitt Innsbruck – Buchs wegen der Steigungen der Arlbergbahn von einem Tandempaar geführt: 1016.035 und 1016.010 passieren am 10. Juli 2021 die Innschlucht bei Roppen.

ÖBB

Reihe 1016

TECHNISCHE DATEN

- Hersteller: Siemens (elektr. Teil); Krauss-Maffei, Siemens, SGP-Verkehrstechnik (mechan. Teil)
- Lieferung/Indienststellung: 1999 – 2001
- Spurweite: 1.435 mm
- Achsfolge: Bo' Bo'
- Länge über Puffer: 19.280 mm
- Gewicht: 88 t
- Achslast: 22 t
- Höchstgeschwindigkeit: 230 km/h
- Leistung: 6.400 kW
- Stromsystem: 15 kV/16,7 Hz Wechselstrom
- Verwendung/Einsatzgebiet: Universallok; bundesweiter Einsatz; Flughafenverkehr CAT
- Außerdienststellung: –

Der viergleisige Ausbau der Westbahn auf eine Streckenhöchstgeschwindigkeit von bis zu 250 km/h auf Infrastrukturseite, ein überalterter Triebfahrzeugpark sowie die anstehende Liberalisierung waren die Gründe für die Beschaffung zeitgemäßen Rollmaterials. Die Reihe 1044.200 war zwar leistungsfähig, doch die Höchstgeschwindigkeit betrug nur 160 km/h. Die drei Prototypen der Reihe 1012 waren für 230 km/h ausgelegt, doch Zerwürfnisse zwischen ÖBB-Vorstand und den Herstellern bedeuteten rasch das Aus für die Reihe 1012. Mit dem EU-Beitritt änderte sich das Beschaffungswesen in Österreich. Die ÖBB mussten derartige Aufträge nunmehr europaweit ausschreiben. Vier Interessenten gaben ihre Angebote ab. Letztlich setzten sich Siemens und Krauss-Maffei mit dem „Taurus" durch, von dem ursprünglich zwei verschiedene Ausführungen geplant waren. Dabei konnten sich die ÖBB einen sehr hohen Fertigungsanteil im eigenen TS-Werk Linz sichern. Zur Ausschreibung gelangten zunächst 50 Stück Reihe 1016 als Einsystemloks (Taurus I) und 25 Stück Reihe 1116 als Zweisystemvariante. Mit dem Taurus I standen erstmals Serienloks für 230 km/h Höchstgeschwindigkeit zur Verfügung, die zudem den neuesten ergonomischen Erkenntnissen entsprachen. Alle 50 Lokomotiven stehen im Betrieb, davon sind drei Maschinen (1016 014, 016 und 036) für den City Airport Train (CAT) zum Flughafen Wien reserviert.

ÖBB
ÖBB

Reihe 1116

Neben der Beschaffung der Reihe 1016 als Einsystemloks wurden zeitgleich 25 Lokomotiven der Reihe 1116 als Zweisystemvariante für Verkehre in Richtung Ungarn und Slowakei beschafft. Siemens lieferte 1999 neben den drei Vorausloks 1016.001 – 003 eine vierte als 1116.001, erst anschließend lief die Produktion im TS-Werk Linz an. Die fortschreitende Modernisierung im Triebfahrzeugpark führte rasch zu Folgebestellungen. Zunächst wurden zu den 25 Maschinen noch weitere 100 geordert, der die volle Einlösung einer weiteren Option auf alle 350 Lokomotiven folgte. Die Reihe 1116 wird bei den ÖBB als Taurus II bezeichnet. Bei der Indienststellung wurde sie als die neue Einheitslok bezeichnet. Dieser Gedanke wurde jedoch nicht konsequent umgesetzt, denn einem Teil der Flotte wurden Spezialaufgaben

Frisch foliert wartet am 22. Oktober 2020 die Bundesheer-Lok 1116.182 im PR-Standort Wien-West auf ihre Präsentation in Wien-ARZ.

Zu den neueren Werbeloks zählt die 1116.159 als Sparda-Lok, aufgenommen vor dem EC 113 am 13. August 2021 bei Pfarrwerfen.

Die 1116.244 samt der RJ-Garnitur 44 erhielt zur Einführung des Klimatickets ein entsprechendes Design (Stams, 21. November 2021).

übertragen, die einem universellen Einsatz entgegenstanden. In diesem Zusammenhang soll beispielhaft auf die Railjet-Einsätze sowie beschränkte Länderzulassungen hingewiesen werden. Unbestritten ist jedoch das Faktum, dass mit der Indienststellung der Tauri eine regelrechte Zäsur im Triebfahrzeugsektor bei den ÖBB eingetreten ist: Ältere Bauarten verschwanden und wurden durch (funktionierende) „Stiere" oder (untaugliche) „Ochsen" ersetzt. Die Taurus-Beschaffung hat aber noch ein weiteres, völlig neues Geschäftsfeld etabliert, und zwar die Lokvermietung; dafür wurde die Firma Siemens-Dispolok gegründet. Während der Taurus-Produktion sind erstmals baugleiche Exemplare zum Zweck der Vermietung an private Eisenbahnverkehrsunternehmen gefertigt worden, teils wurden diese Lokomotiven auch verkauft. Die ÖBB erhielten von der Reihe 1116 schließlich nur 282 Lokomotiven. 68 Exemplare der Reihe 1116 wurden storniert und gleichzeitig 50 Stück der Reihe 1216 beauftragt. Die glatte Außenhaut des Lokkastens hat die Maschinen als idealen Werbeträger etabliert. Die ersten Ausführungen waren noch lackiert, heute wird der Lokkasten großflächig beklebt. Auf diese Weise ist eine Vielzahl an bunten Exemplaren entstanden, die sich bei den Fans großer Beliebtheit erfreuen. Wegen des Einsatzes vor den im Dezember 2008 eingeführten Railjet-Zügen wurden 57 Loks umlackiert und einige für den Einsatz in der Schweiz technisch adaptiert. Die 1116.152 bis 156 und 200 bis 251 erhielten eine entsprechende Lackierung, die Maschinen mit Schweiz-Zulassung wurden mit einem dritten Stromabnehmer und SBB-Zugsicherungssystemen ausgerüstet. Mittlerweile sind alle Loks mit ETCS ausgestattet worden und ein Teil der Loks erhielt wieder einen dritten Stromabnehmer für Leistungen nach Kroatien. Ein beachtlicher Bestand ist nur für die Verkehre mit Ungarn reserviert.

TECHNISCHE DATEN

Hersteller:
Siemens (elektr. Teil); Krauss-Maffei, Siemens, SGP-Verkehrstechnik (mechan. Teil)
Lieferung/Indienststellung: 1999, 2001 – 2006
Spurweite: 1.435 mm
Achsfolge: Bo' Bo'
Länge über Puffer: 19.280 mm
Gewicht: 88 t
Achslast: 22 t
Höchstgeschwindigkeit: 230 km/h
Leistung: 6.400 kW
Stromsystem: 15 kV/16,7 Hz und 25 kV/50 Hz Wechselstrom
Verwendung/Einsatzgebiet: Universallok
Außerdienststellung: –

Gleich zwei besonders lackierte 1216 waren am 23. März 2020 für die Traktion des Güterzuges von Vils nach Hall in Tirol eingeteilt: Die 1216.019 „Leonardo da Vinci" und die Weltrekord-Lok 1216.025 (bei Bad Krekelmoos).

ÖBB

Reihe 1216

Die Marktöffnung des Schienengüterverkehrs bot neue Potentiale für die Operateure. Die ÖBB konzentrierten sich zunächst auf das Ost-West-Geschäft, trotz der beachtlichen Tonnagen in der Nord-Süd-Richtung. Es fehlten damals geeignete Mehrsystemloks, die im FS-Netz stabil laufen. Ein erster Ansatz war die Viersystemlok der Baureihe 189 von Siemens für die DB AG, mit der die geänderten Marktbedingungen abgedeckt werden konnten. Die ÖBB haben daher kurzerhand eine Modifikation ihrer Taurus-Bestellung vorgenommen. Siemens willigte dem Storno von 68 Lokomotiven der Reihe 1116 gegen die Lieferung von 50 Stück der Reihe 1216 mit verschiedenen Modifikationen ein, wobei die Differenz von 18 Stück der Kompensation für den technischen Mehraufwand geschuldet war. Siemens fertigte die Vorausloks 1216.001 – 003 und die spätere Weltrekordlok 1216.050 (ÖBB 1216.025). Heute stehen drei Varianten im Einsatz: Die italientaugliche Reihe 1216.0, die Reihe 1216.200 für Tschechien und die Slowenien-Loks der Reihe 1216.100. Ein Teil der Maschinen erfuhr bereits Umbauten und den Wechsel innerhalb der Subreihen. Ein Teil der Flotte dient dem Railjet-Verkehr Prag – Wien – Graz oder bespannt EC-Züge Deutschland – Brenner – Italien.

TECHNISCHE DATEN

Hersteller:
Siemens (elektr. Teil); Krauss-Maffei, Siemens, SGP-Verkehrstechnik (mechan. Teil)
Lieferung/Indienststellung:
2006 – 2008
Spurweite: 1.435 mm
Achsfolge: Bo' Bo'
Länge über Puffer: 19.580 mm
Gewicht: 87 t
Achslast: 21,75 t
Höchstgeschwindigkeit:
230 km/h (Italien: 160 km/h)
Leistung: 6.000 kW
Stromsystem: 15 kV/16,7 Hz und 25 kV/50 Hz Wechselstrom; 1.500 V und 3.000 V Gleichstrom
Verwendung/Einsatzgebiet:
Universallok, internationaler Fern- und Güterverkehr
Außerdienststellung: –

Die 1216.009 fuhr am 3. September 2020 mit dem EC 85 bei St. Jodok zum Brenner hinauf. Die runden Aufkleber weisen auf den Einsatz der 1216.009 für die Ferrovie Udine Cividale (FUC) auf der Strecke Villach – Udine hin.

Die ÖBB-Nightjet-Lok Italien, 1216.012, bespannte am 1. Juni 2021 den D 286 bei Hall-Thaur.

ÖBB

Reihe 1142

TECHNISCHE DATEN

Hersteller: BES (elektr. Teil); SGP Graz (mechan. Teil), Umbau TS-Werk Linz und Elin
Lieferung/Indienststellung: 1969 – 1977
Umbau 1995 – 2001
Spurweite: 1.435 mm
Achsfolge: Bo' Bo'
Länge über Puffer: 16.220 mm
Gewicht: 83,5 t
Achslast: 20,88 t
Höchstgeschwindigkeit: 150 km/h
Leistung: 4.000 kW
Stromsystem: 15 kV/16,7 Hz Wechselstrom
Verwendung/Einsatzgebiet: Einsatz im Regionalverkehr vor Wendezügen sowie im Güterverkehr in Tandembespannung
Außerdienststellung: –

Die ÖBB haben zum Fahrplanwechsel 1996 den Wendezugbetrieb im Regionalverkehr mit umgebauten, einstöckigen City-Shuttle-Wagen sowie mit neu beschafften Doppelstockwagen eingeführt. Als passende Lok wurde die Hauptlieferserie der Reihe 1042.500 auserkoren und das TS-Werk Linz mit entsprechenden Adaptierungsarbeiten beauftragt. Zwischen 1995 und 2001 wurden 174 Maschinen zur Reihe 1142 umgestaltet. Im Führerstand 2 wurde ein neuer Fahrzeugrechner für die Wendezug- und Tandemsteuerung eingebaut. Der Datentransfer des Zugbus-Systems erfolgt über zwei Zusatzadern der in den Reisezugwagen verlegten 13-poligen UIC-Leitung. Für den Wendezugbetrieb wurden zusätzlich Türsteuerung, Zuglichtsteuerung, automatischer Betrieb der Zugvorheizung und diverse Überwachungsfunktionen in die Fernsteuerung integriert. Die Vermietung für die Meridian-Ersatzverkehre machte den nachträglichen Einbau einer PZB 90 erforderlich, erkenntlich anhand der langen TSI-Nummer. Lokomotiven ohne PZB 90 dürfen nur noch im Güterverkehr verwendet werden. Wegen der fortschreitenden Inbetriebnahme neuer Triebwagen ist der ÖBB-Bestand auf 49 Lokomotiven gesunken, einige zusätzliche Maschinen werden als Heizloks weiterverwendet. Überzählige Exemplare werden an private EVUs verkauft.

1142.625 und 1142.639 befördern am 22. April 2015 bei Steeg-Gosau den Umleitungsgüterzug 94001 nach Selzthal.

Die 1142.614 und die 1142.610 waren am 22. Juli 2015 für Vorspanndienste am Semmering eingeteilt und kehren nach ihrer Arbeit wieder nach Gloggnitz zurück (aufgenommen in Breitenstein).

Die blutorangene 1142.567 am 13. März 2014 mit REX 5919 von Passau nach Linz bei Kimpling.

Die 1144.040 ist die einzige 1144.0 im Ursprungsdesign. Am 2. November 2014 brachte sie bei Schwarzsee den REX 1511 nach Wörgl.

ÖBB

Reihe 1144.0

TECHNISCHE DATEN

- Hersteller: BES (elektr. Teil); SGP Graz (mechan. Teil)
- Lieferung/Indienststellung: 1974 – 1987
- Umbau TS Linz 2009 – 2012
- Spurweite: 1.435 mm
- Achsfolge: Bo'Bo'
- Länge über Puffer: 16.100 mm
- Gewicht: 84 t
- Achslast: 21 t
- Höchstgeschwindigkeit: 160 km/h
- Leistung: 5.280 kW
- Stromsystem: 15 kV/16,7 Hz Wechselstrom
- Verwendung/Einsatzgebiet: Bundesweiter Einsatz vor Wendezügen und Güterzügen
- Außerdienststellung: –

Die politisch initiierte Beschaffung der zehn Lokomotiven der Reihe 1043 hat die heimische Fahrzeugindustrie zum Handeln gezwungen. Mit gleicher Traktionstechnik (Thyristorsteuerung) entstand die Reihe 1044. Nach zwei Prototypen in den Jahren 1974/75 folgte ab 1978 die Serienlieferung mit insgesamt 124 Lokomotiven. Die ÖBB unterzogen die Hauptlieferserie im neuen Jahrtausend einer optischen Kosmetik. Die technischen Vorzüge der nachträglich eingebauten Wendezug- und Tandemsteuerung à la Reihe 1142 bei der Umgestaltung der Reihe 1044.200 zur Reihe 1144.200 führte im Anschluss daran auch zur technischen Anpassung der zuerst gebauten Serie. Ein Grund dafür war die Verringerung von Lok- und Verschubpersonal in den Bahnhöfen. Im Sommer 2009 wurde mit dem Umbau in die neue Reihe 1144.0 begonnen. Die umgebauten Loks sind den Loks der Reihe 1144.200 technisch gleichgestellt und können seither sowohl vor Wendezügen als auch im Tandembetrieb mit anderen ÖBB-Fahrzeugen (1116, 1142, 1144.200 und 1293) eingesetzt werden. Als weitere Änderung ist der Umbau auf LED-Beleuchtung zu nennen. Die 1144 sind heute im Valousek-Design gehalten, lediglich drei Exemplare weichen von diesem Farbschema ab: Die blutorangene 1144.040 gilt als Pseudo-Museumslok, die 1144.092 und 117 tragen weiterhin ihre Schachbrett-Lackierung mit unterschiedlichen Firmenlogos. Aktuell sind 116 Lokomotiven im Bestand, ein geplanter Verkauf in die Türkei bzw. nach Afrika scheiterte Ende 2020.

Die 1144.117 ist im Schachbrett-Design gehalten und war am 22. Januar 2017 mit dem IC 513 bei Altenmarkt im Pongau unterwegs.

Die blutorangene 1144.040 wurde am 30. November 2020 mit der abgebügelten 1063.041 und dem Verschubgüterzug 74491 im Inntal bei Flaurling im Bild festgehalten.

TECHNISCHE DATEN

Hersteller: BES (elektr. Teil); SGP Graz (mechan. Teil)
Lieferung/Indienststellung: 1989 – 1995
Umbau TS Linz 2002 – 2005
Spurweite: 1.435 mm
Achsfolge: Bo' Bo'
Länge über Puffer: 16.100 mm
Gewicht: 84 t
Achslast: 21 t
Höchstgeschwindigkeit: 160 km/h
Leistung: 5.280 kW
Stromsystem: 15 kV/16,7 Hz Wechselstrom
Verwendung/Einsatzgebiet: Bundesweiter Einsatz vor Wendezügen und Güterzügen
Außerdienststellung: –

ÖBB

Reihe 1144.200

Die Maschinendirektion der ÖBB setzte sehr lange auf das Zugpferd 1044. Als modifizierte Ausführung folgten zwischen 1987 und 1995 weitere 90 Lokomotiven. Als Manko erwies sich die technische Heterogenität. Die Vielfachsteuerung war erst ab der 1044.216 vorhanden; LZB, Notbremsüberbrückung und ep-Leitung erst ab 1044.255. Die technischen Unterschiede machten sich bei der Einsatzplanung negativ bemerkbar. Neue rationellere Produktionsmethoden zeichneten sich bei den SBB ab, die auf der Gotthardstrecke einen Funkfernsteuerbetrieb einführten. Die Übertragung der Steuerbefehle erfolgte dabei mittels Funksignals vom besetzten Tandempaar aus auf das unbesetzte Nachschiebetriebfahrzeug. Die ÖBB wollten dieses Prinzip auch auf der Brenner-Nordrampe einführen, doch kam das System über den Versuchsstatus nie hinaus. Das Projekt bot die Möglichkeit, die gesamte Serie technisch anzugleichen und die Einsatzmöglichkeiten zu verbessern. Das Umbauprogramm umfasste die Angleichung des Fernsteuerbetriebs nach UIC 556, den Einbau einer NBÜ und die Nachrüstung einer seitenselektiven Türsteuerung für den Wendezugbetrieb. Die Lokomotiven 1144.200 bis 219 erhielten für den Funkfernsteuerbetrieb entsprechende Antennen montiert, die mangels Bedarfs sowie fehlender Zulassung wieder demontiert wurden.

Im Bahnhof Wien-Hütteldorf steht die 1144.268 mit dem Regionalzug 2034 nach St. Pölten (15. April 2013).

Das Tandempaar 1144.207 und 1116.013 war am 20. Juli 2013 bei Stams von Buchs (SG) nach Hall in Tirol unterwegs.

Die 1144.241 erreichte am 26. April 2013 mit dem Nahgüterzug 67846 den Zielbahnhof Lenzing.

Die 1063.050 wurde am 19. Dezember 2014 als Lokzug 88870 bei Flaurling angetroffen.

TECHNISCHE DATEN

Hersteller: BES (elektr. Teil); SGP Graz (mechan. Teil)
Lieferung/Indienststellung: 1983 – 1991
Spurweite: 1.435 mm
Achsfolge: Bo' Bo'
Länge über Puffer: 15.700 mm
Gewicht: 78 t* / 82 t
Achslast: 19,50 t* / 20,5 t
Höchstgeschwindigkeit: 80* / 100 km/h
Leistung: 1.600* / 2.000 kW
Stromsystem: 15 kV/16,7 Hz und 25 kV/50 Hz Wechselstrom
Verwendung/Einsatzgebiet: Verschubdienste und lokaler Güterverkehr in Vorarlberg, Tirol, Steiermark, Oberösterreich und Niederösterreich
Außerdienststellung: –
* Prototypen 1063 001 bis 005

ÖBB

Reihe 1063

Die Reihe 1063 war die erste Verschublokomotive in Österreich, bei der die Drehstrom-Asynchron-Antriebstechnik Verwendung fand. Diese Antriebstechnik wurde zuvor schon bei der Reihe E 1200 der Zechenbahn- und Hafenbetriebe Ruhr-Mitte in Gladbeck, einem Betrieb der Ruhrkohle-AG (RAG), erprobt. Die ÖBB benötigten für den Grenzverkehr nach Ungarn (MÁV) und in die damalige Tschechoslowakei (ČSD) eine Lok, die wahlweise unter 15 kV/16,7 Hz bzw. 25 kV/50 Hz Wechselstrom eingesetzt werden konnte. Versuchsfahrten mit der RAG-E 006 im März 1979 führten zur Bestellung von fünf Prototypen. Die Mittelführerstandsloks wurden gegenüber der Reihe E 1200 anwenderfreundlicher gestaltet. Außerdem war das Thema Wintertauglichkeit für die ÖBB ein wesentlicher Aspekt bei der Beschaffung; eine Erprobung am Berg Griesen sollte dies unter Beweis stellen. Zwischen 1986 und 1988 erfolgte die Bestellung der 1063.006 bis 037 in modifizierter Ausführung. Eine letzte Nachlieferserie 1063.038 bis 050 wurde 1990/91 ohne die Zweisystemausrüstung für 25 kV/50 Hz in Dienst gestellt; diese Serie unterschied sich optisch durch ein geändertes Farbdesign. Für Einsätze in Kroatien wurden einige Exemplare den dortigen Erfordernissen angepasst und sind deshalb in Österreich nicht mehr verwendbar. 48 Loks sind noch im Betriebsbestand.

Am 8. April 2018 fährt die 1064.009 bei Helmahof als Lokzug nach Wien.

ÖBB

Reihe 1064

Für die Inbetriebnahme der beiden Großverschiebebahnhöfe in Wien-Kledering (Wien Zvbf.) und in Villach Süd (Fürnitz) wurden für die Zugbildungsmaßnahmen auf diesen Anlagen leistungsfähige Triebfahrzeuge benötigt. Die Lokomotiven mussten für die rechnergeführte, funkferngesteuerte Abdrückfunktion an den Abrollbergen ausgerüstet sein und ein hohes Reibungsgewicht aufweisen. Unter Beibehaltung des Leistungsrahmens für die Reihe 1063 wurde 1982 eine modifizierte sechsachsige Type als Reihe 1064 in Auftrag gegeben und zwischen 1986 und 1990 mit zehn Einheiten in drei Baulosen in Dienst gestellt. Viele Komponenten der elektrischen Ausstattung wie Trafo und Umrichter sind mit jenen der 1063 typengleich. Da die Lokomotiven nur in den Verschiebebahnhöfen sowie in deren Umfeld Verwendung finden sollten, konnte auf die Zweisystemausstattung verzichtet werden. Die Drehstrom-Asynchron-Antriebstechnik wurde unverändert übernommen und bestand aus Gleichspannungszwischenkreis und Pulswechselrichtern. Netzseitig erfolgte die Einspeisung ohne Vierquadrantensteller über eine Folgeschaltung zweier Gleichrichterbrücken, deren eine im Thyristor-Phasenanschnitt ansteuerbar ist. Bei dieser Konzeption ist eine Rekuperation der Bremsenergie ins Netz nicht möglich.

TECHNISCHE DATEN

Hersteller: BES (elektr. Teil); SGP Graz (mechan. Teil)
Lieferung/Indienststellung: 1986 – 1990
Spurweite: 1.435 mm
Achsfolge: Co' Co'
Länge über Puffer: 18.950 mm
Gewicht: 112 t
Achslast: 18,7 t
Höchstgeschwindigkeit: 80 km/h
Leistung: 1.600 kW
Stromsystem: 15 kV/16,7 Hz Wechselstrom
Verwendung/Einsatzgebiet: Einsatz auf den Großverschiebebahnhöfen Wien Zvbf. und Villach Gvbf.
Außerdienststellung: –

Das Tandempaar 1163.002 und 1163 009 wird am 26. April 2013 mit dem Güterzug 63876 den Zielbahnhof Lenzing bald erreichen.

ÖBB

Reihe 1163

TECHNISCHE DATEN

Hersteller: BES (elektr. Teil); SGP Verkehrstechnik (mechan. Teil)
Lieferung/Indienststellung: 1994 – 1995
Spurweite: 1.435 mm
Achsfolge: Bo' Bo'
Länge über Puffer: 16.400 mm
Gewicht: 80 t
Achslast: 20 t
Höchstgeschwindigkeit: 100 km/h
Leistung: 1.600 kW
Stromsystem: 15 kV/16,7 Hz Wechselstrom
Verwendung/Einsatzgebiet: Verschubeinsatz, lokaler Güterverkehr in Salzburg, Oberösterreich und Kärnten
Außerdienststellung: –

Anfang der 1990er-Jahre verfügten die ÖBB noch über eine größere Zahl an Verschublokomotiven mit Stangenantrieb. Die Vorkriegs-Reihen 1061 und 1161 waren am Ende ihrer Lebensdauer angelangt, auch die 1955 beschaffte Reihe 1062 sollte ausrangiert werden. Um die drei Reihen zu ersetzen, wurde ein Bedarf von 20 neuen Lokomotiven ermittelt. Obwohl die Indienststellung der Reihe 1063 erst gut zehn Jahre zurücklag, waren die Fortschritte in der Halbleiter-Technologie und der Leittechnik mittlerweile unverkennbar. Daher erfolgte keine Weiterbeschaffung der Reihe 1063, sondern die Entwicklung der Reihe 1163, die sich zudem durch geringere Lärmemissionen auszeichnet. Die Reihe 1163 entsprach mit ihrem Antriebssystem (u.a. Vierquadranten-Eingangsstromrichter mit Rekuperation, Zwischenkreisspannung 2500 V Gleichstrom, Antriebsleitgerät nach DSR-Verfahren, Zugbus-System mit Fahrzeugdiagnose) dem damaligen Stand der Technik. Passend zur aktuellen Antriebstechnik bekam die neue Reihe auch ein modernes Design aufgesetzt. Die Konzeption als Mittelführerstandslok mit ausgebauchtem Führerstand und tellerförmigem Dach sowie den beiden niedriger und schmaler ausgeführten Vorbauten erlaubte gegenüber der 1063 eine noch bessere Rundum-Sicht vom Führerstand aus. Für das Farbschema zeichnete sich wiederum DI Valousek verantwortlich, der auf die damals üblichen Farbtöne setzte.

ÖBB

Reihe 1293

Die Expansionspläne der Rail Cargo Austria im südosteuropäischen Raum erforderten neue Triebfahrzeuge. Aus der vorangegangenen Ausschreibung ging Siemens mit dem Vectron als Sieger hervor. Im Rahmenvertrag über 200 Lokomotiven wurden Lieferlose von 30, 17, 51 und nochmals 45 Loks gezogen. Die 45 Exemplare der vierten Tranche (1293.081 bis 125) befinden sich derzeit in Auslieferung. Beim Vectron handelt es sich um das Nachfolgemodell des ÖBB-Taurus mit verbessertem Rammschutz nach EN 15227. Der elektrische Teil umfasst IGBT-Stromrichter, Asynchron-Fahrmotore mit Ritzelhohlwellenantrieb, die Getriebeübersetzung ist für 160 km/h ausgelegt. Die Lokomotiven 1293.001 ff entsprechen der Variante A35, die Lokomotiven 1293.173 bis 200 der Variante A 60. Die Maschinen verfügen über die Zugbeeinflussungssysteme ETCS Level 2, SCMT, LZB 80/E, PZB 90, Mirel VZ1 und SHP, sind mit anderen ÖBB-Loks fernsteuerbar und nur für den Güterverkehr zugelassen. Die Variante A35 ist in Deutschland, Italien, Slowenien, Tschechien, Slowakei, Ungarn, Polen und Kroatien einsetzbar, die Variante A60 nur in Deutschland, Belgien und Ungarn. Die Reihe 1293 sollte ursprünglich die zum Verkauf stehenden Maschinen der Reihe 1144 ersetzen. Zwecks Garantieerfüllung werden die Loks verstärkt im Inland eingesetzt. Heimatdienststellen sind Innsbruck, Villach, Linz und Wien West.

TECHNISCHE DATEN

Hersteller: Siemens
Lieferung/Indienststellung: 2018 – 2022
Spurweite: 1.435 mm
Achsfolge: Bo'Bo'
Länge über Puffer: 18.980 mm
Gewicht: 90 t
Achslast: 22,5 t
Höchstgeschwindigkeit: 160 km/h
Leistung: 6.400 kW AC/6.000 kW DC
Stromsystem: 15 kV/16,7 Hz und 25 kV/50 Hz Wechselstrom, 3.000 V Gleichstrom
Verwendung/Einsatzgebiet: Internationaler Güterverkehr
Außerdienststellung: –

Dreifachbespannung des KLV-Zuges 41820 aus Italien: 1293.002, 1293.010 und 1293.027 am 22. März 2019 vor Neuhaus an der Gail.

Reihe 2016

TECHNISCHE DATEN

Hersteller: Siemens
Lieferung/Indienststellung: 2002 – 2005
Spurweite: 1.435 mm
Achsfolge: Bo' Bo'
Länge über Puffer: 19.275 mm
Gewicht: 80 t
Achslast: 20 t
Höchstgeschwindigkeit: 140 km/h
Leistung: 2.000 kW
Verwendung/Einsatzgebiet: Personen- und Güterzugverkehr
Außerdienststellung: –

Der Fuhrpark bei den ÖBB-Diesellokomotiven bot zu Ende des vergangenen Jahrhunderts das gleich düstere Bild wie auf dem Elektrolok-Sektor. Die von 1964 bis 1976 beschafften 154 Loks der Reihen 2043 und 2143 wiesen starke Alterserscheinungen auf und waren vom Gesichtspunkt der Ergonomie längst überholt. Die Beschaffung der Taurus-Flotte bot die Möglichkeit, eine umfassende Modernisierung bei den Dieselloks vorzunehmen. Die 1998/99 durchgeführte Ausschreibung führte zur Bestellung von 100 Maschinen in zwei Tranchen bei Siemens Krauss-Maffei auf Basis des EuroRunner-Konzepts. Die Fertigung erfolgte komplett in den Werkhallen in München-Allach, das Rollout fand am 10. Januar 2002 statt. Trotz deutlich höherer Leistung als bei den Reihen 2043/2143 sind die 2016 wegen des dieselelektrischen Antriebs echte Flüsterloks. Diverse Kinderkrankheiten führten zur Abänderung des Daches samt der Kühlwiderstände, auch die Typhone mussten nach einem schrecklichen Arbeitsunfall neu platziert werden. Die Auslieferung aller Loks erfolgte in der verkehrsroten Farbgebung; die Logos wurden jedoch an unterschiedlichen Positionen angebracht, dies führte zu mehreren Designvarianten. Einige Loks trugen zeitweise eigens angebrachte Werbefolien, nur die 2016.001 mit der einseitigen China-Beklebung konnte sich als Werbelok halten. Die Reihe 2016 ist in Wiener Neustadt, Villach, Linz, Graz und Innsbruck stationiert.

Ohne Fracht war die 2016.022 als Vg 72161 bei Marbach a. d. Erlauf im Mostviertel nach Pöchlarn im Einsatz.

In Westösterreich sind inzwischen alle Strecken elektrifiziert. Die 2016 werden hier für Arbeitszüge, aber auch im Verschubdienst verwendet. Die 2016.041 wurde am 28. September 2014 im Bahnhof Ötztal fotografiert.

Der Diebstahl von Erdungsseilen war der Grund für die Dieseltraktion mit 2016.006 und 2016.031 am 19. Oktober 2012 bei Seefeld in Tirol.

Die 2043.062 erreichte am 12. April 2015 mit ihrem Fotogüterzug 91138 den Bahnhof Rottenegg. Sie ist die einzige mit einem CAT-Motor.

ÖBB

Reihe 2043

TECHNISCHE DATEN

Hersteller: Jenbacher Werke
Lieferung/Indienststellung: 1964 – 1976
Spurweite: 1.435 mm
Achsfolge: B' B'
Länge über Puffer: 15.760 mm
Gewicht: 67 – 68 t
Achslast: 17 t
Höchstgeschwindigkeit: 110 km/h
Leistung: 1.104 kW
Verwendung/Einsatzgebiet: abgestellt
Außerdienststellung: –

Die Hauptstrecken in Österreich wurden schon früh für den elektrischen Betrieb ausgerüstet, die Ablösung der Dampfloks durch Dieselloks betraf daher nur sekundäre Hauptlinien und Nebenbahnen. Anfang der 1960er-Jahre unternahmen die ÖBB einen weiteren Modernisierungsschub und beabsichtigten die Beschaffung von insgesamt 154 Streckendieselloks mit geteilter Auftragsvergabe (Jenbacher Werke und SGP) in der Leistungsklasse bis 1.100 kW (1.500 PS). Die Höchstgeschwindigkeit sollte 110 km/h betragen und die vorgesehenen Achslasten im Bereich von 16,7 bis max. 18,9 t liegen. Die Jenbacher Werke lieferten eine Prototyplok 2043.01 (spätere 2043.501) mit einem unkonventionellen Antriebskonzept (mechanisches Verteilgetriebe und Teleskop-Gelenkwellen). Probleme beim Antriebskonzept führten zur Kassierung im Jahr 1974. Zwischen 1964 und 1976 wurden insgesamt 77 Loks der Reihe 2043 in Betrieb genommen, die einzelnen Baulose unterscheiden sich durch die geringfügig geänderte Lage der Lüfteranordnung. Vier Lokomotiven (2043.555 bis 558) waren für die Erzbergbahn nachträglich mit einer Mg-Bremse ausgerüstet worden. Ab Werk erfolgte die Lieferung in tannengrüner bzw. blutorangener Farbgebung, Anfang der 1990er-Jahre änderte sich der Anstrich ins Valousek-Design. Mit der Indienststellung der Reihe 2016 wurde der Bestand reduziert. Aktuell sind noch vier Lokomotiven im Bestand, stehen in Wels abgestellt und werden zum Verkauf angeboten.

Rückfahrt der 2143.066 von Vils nach Reutte in Tirol, aufgenommen bei Musau am 29. April 2015.

ÖBB

Reihe 2143

SGP zeichnete für die Lieferung der zweiten Hälfte der 154 neuen Streckendieselloks verantwortlich, das fahrzeugmäßige Grundkonzept wurde beibehalten. Die Reihe 2143 unterscheidet sich vor allem in der Viertakt-Motorbauart T12c mit Abgasturbolader und Ladeluftkühlung als Fahrdiesel und 108a als Zugheizdieselmotor von der 2043 mit deren Zweitakt-Motoren LM 1500 bzw. JW 400. Weitere Unterschiede sind bei den Prototypen zu verzeichnen, die auf Forderungen von SGP in der Planungskoordination zurückzuführen sind. Alle Serienloks (ab 2043.05 bzw. 2143.04) sind zwecks Typenvereinheitlichung im Kastenaufbau gleich lang. Die vergrößerte Länge über Puffer führte zu einer besseren Zugänglichkeit der Aggregate im Maschinenraum. SGP lieferte die Reihe 2143 zwischen 1965 und 1977 sowohl in tannengrüner als auch in blutorangener Lackierung aus. Alle Loks waren für eine Vielfachsteuerung vorbereitet, aber nur 2143.34 – 77 wurden mit dieser Einrichtung geliefert. DI Valousek gönnte der Serie Anfang der 1990er-Jahre ein neues Farbschema in Verkehrsrot mit einer Bauchbinde in Elfenbein bzw. Achatgrau. Die beiden wieder in alter Farbgebung lackierten Loks (2143.35 und 2143. 040) hielten sich bis in die Gegenwart. Die Reihe 2016 läutete die Außerdienststellung ein, gegenwärtig sind noch zehn Lokomotiven im Bestand, die bei Bedarf eingesetzt werden.

TECHNISCHE DATEN

Hersteller:
SGP Floridsdorf, Wien

Lieferung/Indienststellung:
1965 – 1977

Spurweite: 1.435 mm

Achsfolge: B' B'

Länge über Puffer: 15.800 mm

Gewicht: 67 t

Achslast: 17 t

Höchstgeschwindigkeit:
110 km/h

Leistung: 1.115 kW

Verwendung/Einsatzgebiet:
lokaler Güterverkehr, Remisenverschub

Außerdienststellung: –

2067.101 am 3. November 2015 auf Überstellungsfahrt von Innsbruck nach Hall in Tirol bei Rum.

ÖBB

Reihe 2067

TECHNISCHE DATEN

- Hersteller: SGP Floridsdorf, Wien
- Lieferung/Indienststellung: 1959 – 1977
- Spurweite: 1.435 mm
- Achsfolge: C
- Länge über Puffer: 10.484 mm
- Gewicht: 49,5 t
- Achslast: 16,5 t
- Höchstgeschwindigkeit: 65 km/h
- Leistung: 442 kW
- Verwendung/Einsatzgebiet: Remisenverschub
- Außerdienststellung –

Mit der Beschaffung der Reihen 2060 und 2062 standen zahlreiche Neubau-Dieselverschublokomotiven im Einsatz. Doch für die endgültige Ablösung der Dampfloks im Verschubdienst erwiesen sich die beiden Serien mit einer Leistung von 200 bzw. 400 PS als zu schwach. Daher gaben die ÖBB gemäß dem Verdieselungsprogramm für den Verschubdienst auch eine 600 PS starke Ausführung in Auftrag. Auftragnehmer war diesmal die Simmering-Graz-Pauker AG (SGP), nachdem diese bereits baugleiche Dieselloks mit Stangenantrieb an etliche Werkbahnen geliefert hatte. SGP baute im Jahr 1959 einen Prototyp mit 442 kW Leistung auf eigene Kosten, gefolgt von 111 Serienlokomotiven in vier Lieferserien mit einigen technischen Unterschieden bis zum Jahr 1977. Die letzte Bauserie 2067.102 – 111 war übrigens ab Werk mit einer Vielfachsteuerung ausgestattet. Als weiteres Exemplar ist die 2067.201 zu erwähnen; sie wurde als Werklok für das Stahlwerk VOEST beschafft und war vom 1. Oktober 1995 bis 31. Dezember 2000 im ÖBB-Bestand. 1997 wurde die 2067.093 zur 2167.093 umgebaut; sie erhielt eine Funkfernsteuerung und eine BSI-Rangierkupplung. Die ÖBB verfügen noch über 17 Lokomotiven, die im Remisen- bzw. Werkstattverschub Verwendung finden.

Die 2068.030 war am 1. Mai 2018 für Verschubarbeiten im Bahnhof Mixnitz-Bärenschützklamm eingeteilt.

ÖBB

Reihe 2068

Ein Bahnverkehr ist ohne Verschubeinsatz unmöglich, gerade dieser gilt jedoch als bedeutende Lärmquelle und Ärgernis für Anrainer. Um zumindest die Betriebsgeräusche der aufheulenden Dieselmotoren zu dämmen, ist den Jenbacher Werken auf dem Sektor der lärm- bzw. geräuscharmen Triebfahrzeuge eine bedeutende Innovation geglückt, die in die Konstruktion der Reihe 2068 eingeflossen ist. Die alten, lärmenden Dieselloks der Reihe 2067 wurden von der als „Flüsterlok" bekannten Reihe 2068 in untergeordnete Dienste verdrängt. Ihr Einsatz besänftigte vor allem lärmgeplagte Anwohner von Bahnanlagen mit umfangreichen Verschubbewegungen. Obwohl die Drehstrom-Asynchron-Antriebstechnik auch bei Dieselloks Einzug gehalten hat, entschieden sich die ÖBB für ein Antriebssystem mit hydrodynamischer Kraftübertragung. Im Zusammenspiel mit rechnergestützter Leittechnik erlaubt ein Turbowendegetriebe weitreichende regeltechnische Optimierungen samt ausgeklügeltem Gleit- und Schleuderschutz, verschleißfreier hydrodynamischer Bremsung und Fahrtwendung wie auch Schwerlast-Schleichfahrt mit akzeptablem Wirkungsgrad. Auf die fünf Prototypen folgte die Serienlieferung mit 55 Maschinen. Dank Vielfachsteuerung war auch der Einsatz im Streckenverschub möglich. Heute beträgt der ÖBB-Bestand noch 57 Lokomotiven. Zwei weitere wurden an Rail Cargo Hungaria verkauft und gemäß des MÁV-Nummernschemas in die Reihe 409 umgezeichnet. Die beiden werden in Budapest eingesetzt, wo auch 2068 der ÖBB Dienst versehen.

TECHNISCHE DATEN

Hersteller: Jenbacher Werke
Lieferung/Indienststellung: 1989 – 1994
Spurweite: 1.435 mm
Achsfolge: B' B'
Länge über Puffer: 13.770 mm
Gewicht: 67 t/72 t*
Achslast: 16,75 t/18 t*
Höchstgeschwindigkeit: 100 km/h/50 km/h**
Leistung: 820 kW
Verwendung/Einsatzgebiet: Bundesweiter Verschubeinsatz, Terminalbetrieb in Budapest
Außerdienststellung: –
* Prototypen 2068.001 – 005
** Verschubgang

Typenaufnahme der 2070.057 in Wien-Westbahnhof am 26. Oktober 2015.

ÖBB

Reihe 2070

TECHNISCHE DATEN
Hersteller: Vossloh
Lieferung/Indienststellung: 2000 – 2004
Spurweite: 1.435 mm
Achsfolge: B' B'
Länge über Puffer: 14.130 mm
Gewicht: 72 t
Achslast: 18 t
Höchstgeschwindigkeit: 100 bzw. 45* km/h
Leistung: 738 kW
Verwendung/Einsatzgebiet: Verschubeinsatz in Tirol, Salzburg, Oberösterreich, Niederösterreich und Wien
Außerdienststellung: –
* Verschubgang

Zum Zeitpunkt der Indienststellung des Taurus (1116) und des Hercules (2016) wurde die Beschaffung einer Verschubdiesellok in der Leistungsklasse unter 800 kW beschlossen. Auftragnehmer war die Firma Siemens, die den Auftrag aber an Vossloh in Kiel weiterreichte. Die Serienlieferung bestand aus 60 Maschinen, weitere 30 folgten als eingelöste Option. Die Konstruktion orientiert sich an der bewährten Bauform von Vossloh und weist Ähnlichkeiten mit der Reihe 2068 auf, ihre Vorbauten sind jedoch wesentlich kantiger ausgeführt. Die Reihe 2070 verdrängte die letzten Altbaulokomotiven aus dem Verschubeinsatz, es waren dies die Reihen 1040, 2048, 2060, 2062 und großteils auch die 2067. Die Maschinen verfügen über eine Funkfernsteuerung und eine Rangierkupplung, beide Einrichtungen wurden an der umgebauten 2167 093 ausgiebig erprobt. ÖBB Traktion hat die Reihe 2070 zunächst in den drei Standorten Wels, St. Pölten und Wien Ost beheimatet, später kamen die Stützpunkte Innsbruck, Salzburg, Wien-Matzleinsdorf und Linz hinzu. Alle Loks sind verkehrsrot lackiert, wobei die ersten 58 Exemplare noch den ÖBB-„Pflatsch“ trugen, anschließend wurde die ÖBB-Wortmarke verwendet. Für den Einsatz im ÖMV-Firmengelände wurden mehrere Lokomotiven mit einem Explosionsschutz ausgestattet, den zuvor die Prototypen der Reihe 2068 besaßen.

Reihe 4020

Die Bundeshauptstadt Wien erhielt 1962 zwischen Meidling und Floridsdorf eine Schnellbahn. Das Schnellbahnnetz wurde darauffolgend ständig ausgebaut und in der umliegenden Region verästelt. Die dafür beschafften Elektrotriebwagen 4030.200 mit 100 km/h Höchstgeschwindigkeit stellten auf den Überlandstrecken ein Betriebshemmnis dar. Als die Bestellung der Reihe 4020 zu entscheiden war, stand mit der DB-Baureihe 420 ein Triebwagen mit Allachsantrieb für Probefahrten zur Verfügung. Diese brachten keine neuen Erkenntnisse. Die ÖBB haben daher ihr bisheriges Triebwagenkonzept mit Triebkopf, Zwischen- und Steuerwagen beibehalten. Für den Angebotsausbau im Nahverkehr beschafften die ÖBB in mehreren Tranchen 120 Triebwagen, die in Vorarlberg, Tirol, dem Großraum Linz und auf der Wiener Schnellbahn zum Einsatz kamen. Während die luftgefederten Wagenkästen ein neuartiges Fahrgefühl boten, konnten die halbhohen Sitzbänke bei längeren Reisen zur Tortur werden. Im Rahmen von Hauptausbesserungen wurde dieses Manko durch den Einbau von hochgezogenen Rückenlehnen beseitigt; eingebaut wurde auch eine Türraumüberwachung mit Lichtschranken für den geplanten Einmannbetrieb (auch als „0:0-Betrieb" bezeichnet). Die Neulackierung der Fahrzeuge erfolgte nun in Blau/Grau, ab 1995 auch im „City-Shuttle-Design" (verkehrsrot/hellgrau). Die Tage der Reihe 4020 sind mittlerweile gezählt, lediglich 66 Garnituren waren zum Jahresbeginn 2022 noch vorhanden.

TECHNISCHE DATEN	
Hersteller:	BES (elektr. Teil); SGP Graz (mechan. Teil)
Lieferung/Indienststellung:	1978 – 1987
Spurweite:	1.435 mm
Achsfolge:	Bo' Bo' + 2' 2' + 2' 2'
Länge über Puffer:	69.400 mm
Gewicht:	129 t
Achslast:	10,75 t
Höchstgeschwindigkeit:	120 km/h
Leistung:	1.200 kW
Stromsystem:	15 kV/16,7 Hz Wechselstrom
Verwendung/Einsatzgebiet:	S-Bahn-Verkehr im Großraum Wien
Außerdienststellung	–

4020.233 am 24. April 2015 als Leerpersonenzug unweit der Haltestelle Hofstatt.

4023.004 als Zug 5859 am 7. April 2014 auf der Saalachbrücke bei Salzburg-Liefering.

ÖBB

Reihe 4023

TECHNISCHE DATEN

Hersteller: Bombardier
Lieferung/Indienststellung: 2004
Spurweite: 1.435 mm
Achsfolge: Bo' + 2' + 2' + Bo'
Länge über Puffer: 53.120 mm
Gewicht: 96,5 t
Achslast: 12,06 t
Höchstgeschwindigkeit: 140 km/h
Leistung: 1.440 kW
Stromsystem: 15 kV/16,7 Hz Wechselstrom
Verwendung/Einsatzgebiet: Regionalverkehr im Bundesland Salzburg
Außerdienststellung –

Das Bundesland Salzburg arbeitete zu Beginn dieses Jahrtausends an der Ausgestaltung eines neuen S-Bahn-Systems im Großraum der Landeshauptstadt Salzburg mit zwei wesentlichen Säulen. Die erste Säule betraf den Ausbau bzw. die Adaptierung der betroffenen Verkehrsstationen, die zweite Säule hieß Angebotsausbau. Geplant war die Einführung eines Halbstundentaktes auf den Strecken Freilassing – Golling-Abtenau und Freilassing – Steindorf bei Straßwalchen. Zur Abwicklung dieser Verkehre wurde neues Rollmaterial benötigt, denn die verfügbaren Triebwagen der Reihe 4030 mit einem Durchschnittsalter von zirka 40 Jahren waren wirtschaftlich am Ende ihrer Lebensdauer und somit inakzeptabel. Der Vertrag zwischen dem Bundesland Salzburg und den ÖBB sah daher die Beschaffung von elf dreiteiligen Elektrotriebwagen mit 151 Sitz- und 160 Stehplätzen vor, die in Anlehnung an die Dieseltriebwagen des Typs Talent ausgeführt werden sollten, mit denen im Vorfeld bundesweite Vorführfahrten stattfanden. Die Triebwagen der Reihe 4023 konnten jedoch nie wirklich überzeugen. Die Zulassung der Fahrzeuge erfolgte trotz Problemen auf politischen Druck zum 1. Juli 2004. Gegenwärtig existieren nur noch zehn Einheiten. Teile des beim Frontalzusammenstoß in Wien-Hütteldorf beschädigten 4023.005 wurden bei der Komplettierung des ebenfalls unfallbeschädigten 4024.129 verwendet.

Der neu lackierte und im Cityjet-Design gehaltene 4024.101 war am 31. Mai 2021 als REX 5669 im Vorarlberger Unterland im Einsatz.

ÖBB

Reihe 4024

Während das Bundesland Salzburg und die ÖBB nach einem geeigneten Nahverkehrstriebwagen gerungen haben, zeichnete sich für das übrige Bundesgebiet eine andere Lösung ab: Durch das Einfügen eines weiteren Zwischenelements wurde aus dem Dreiteiler 4023 die vierteilige Ausführung 4024. Die ÖBB-Personenverkehr AG orderte zunächst 40 derartige Triebwagen, noch bevor mit den Bundesländern irgendwelche Finanzierungsverträge, geschweige denn Verkehrsdiensteverträge unterzeichnet waren. In mehreren Etappen wurden 140 Einheiten als Einsystemtriebwagen beschafft, die den Bundesländern trotz aller Probleme und Anfangsschwierigkeiten bei diesen Fahrzeugen regelrecht aufs Auge gedrückt wurden. Die vierteiligen Fahrzeuge verfügen über 199 Sitz- und 252 Stehplätze. Als positive Aspekte sind die Temperaturabsenkungsanlage (keine Klimaanlage!) und das Vakuum-WC zu bewerten, der geringe Niederfluranteil wird als Manko gesehen. Besondere Probleme bereitete die Bremsanlage der als „Plastikbomber" verhöhnten Triebwagen, mehrere Nachbesserungsarbeiten waren notwendig. Die Ablieferung erfolgte im „CS-Schrägdesign". Bei den anstehenden Modernisierungsarbeiten erhalten die Triebwagen neben neuen Sitzen auch eine Lackierung im gefälligen „Cityjet"-Design, ergänzt durch bundeslandspezifische Anschriften.

TECHNISCHE DATEN

- Hersteller: Bombardier
- Lieferung/Indienststellung: 2005 – 2008
- Spurweite: 1.435 mm
- Achsfolge: Bo' + 2' + 2' + 2' + Bo'
- Länge über Puffer: 66.870 mm
- Gewicht: 116 t
- Achslast: 11,6 t
- Höchstgeschwindigkeit: 140 km/h
- Leistung: 1.440 kW
- Stromsystem: 15 kV/16,7 Hz Wechselstrom
- Verwendung/Einsatzgebiet: Bundesweiter Regionalverkehr
- Außerdienststellung: –

4124.031 als REX 7726 am 18. August 2019 auf der Ostbahn bei Gramatneusiedl.

ÖBB

Reihe 4124

TECHNISCHE DATEN

Hersteller: Bombardier
Lieferung/Indienststellung: 2007 – 2009
Spurweite: 1.435 mm
Achsfolge: Bo' + 2' + 2' + 2' + Bo'
Länge über Puffer: 66.870 mm
Gewicht: 116 t
Achslast: 11,6 t
Höchstgeschwindigkeit: 140 km/h
Leistung: 1.440 kW
Stromsystem: 15 kV/16,7 Hz und 25 kV/50 Hz Wechselstrom
Verwendung/Einsatzgebiet: Regionalverkehr in der Ostregion
Außerdienststellung: –

Die fortlaufende Indienststellung der Reihe 4024 führte in den Bundesländern zu einer Modernisierung des Regionalverkehrs sowie einem Zurückdrängen der bisher eingesetzten einstöckigen Wendezuggarnituren. Auch nach der Beschaffung der 140 Vierteiler mit Einsystemausrüstung blieb ein Problem ungelöst, das sich im Bereich südöstlich von Wien am Neusiedler See im Zusammenhang mit dem Netz der Raaberbahn ergab. Es war beschlossen, die ÖBB-Strecke von Neusiedl am See via Eisenstadt nach Wulkaprodersdorf und auch die Neusiedler Seebahn (Neusiedl am See – Pamhagen) zu elektrifizieren, die Neusiedler Seebahn allerdings mit 25 kV/50 Hz Wechselstrom. Die ÖBB bestellten daher für Verkehre Richtung Ungarn (Sopron) und auf der Neusiedler Seebahn zunächst 20 Zweisystemtriebwagen. Die ersten Fahrzeuge trugen die Reihenbezeichnung 4824, die kurz darauf in Reihe 4124 abgeändert wurde. Für die zusätzliche Verkehrsabwicklung im Nordburgenland wurden weitere 17 Triebwagen bestellt. Die Zweisystemfahrzeuge der Reihe 4124 weisen dieselben Vor- und Nachteile wie die ET 4024 auf und entsprechen diesen in allen Parametern. Auch diese Serie wurde im neuen „CS-Schrägdesign" abgeliefert und trug – zur besseren optischen Erkenntlichkeit – zusätzlich an den Seitenwänden „Burgenland"-Aufkleber.

Unterhalb des Grimmings wartet der 4744.007 als Zug 4475 in der Haltestelle Stein an der Enns am 16. Juli 2017 auf die Weiterfahrt.

ÖBB

Reihe 4744

Die ÖBB haben 2010 die Modernisierung des Rollmaterials im Nahverkehr eingeläutet, da weder die Reihe 4020 noch die einstöckigen CRD-Wagen barrierefrei ausgeführt sind. Die Ausschreibung der neuen Elektrotriebwagen gewann Siemens mit dem Zweisystemfahrzeug Desiro ML, wobei die ÖBB eine Variante für den Regionalverkehr mit vier Türen und eine S-Bahn-Variante mit sechs Türen orderte. Die Regionalbahnvariante der Reihe 4744 mit vier Türen besteht aus einem Triebwagen B4mpzET 4744, einem Zwischenwagen B4mpvzTI 7044 und einem Steuerwagen B4bmpvzET 4744.500. Für die Fahrgäste stehen 259 Sitz- bzw. 224 Stehplätze, ein großzügig dimensionierter Mehrzweckraum und eine rollstuhlgerechte WC-Anlage zur Verfügung. Der Innenraum weist eine Reihenbestuhlung bzw. in jedem Abteil auch eine Sitzgruppe mit Vis-à-vis-Bestuhlung mit Tisch auf. Die Fahrzeugteile sind miteinander gekuppelt und an den Stirnfronten mit Scharfenbergkupplungen für die Mehrfachtraktion ausgestattet. Die Triebwagen laufen auf luftgefederten Drehgestellen der Bauart SF 6000 und sind mit den Zugsicherungssystemen PZB 90 und ETCS ausgestattet. Die ersten 20 Einheiten entstanden im Siemens-Werk Krefeld, die nachfolgenden 50 Garnituren wurden im TS-Werk Jedlersdorf komplettiert, das zugleich auch die Instandhaltungswerkstätte ist. Die Reihe 4744 ist in Wien-West, Graz und Linz beheimatet.

TECHNISCHE DATEN

Hersteller: Siemens Krefeld
Lieferung/Indienststellung: 2016 – 2018
Spurweite: 1.435 mm
Achsfolge: Bo' Bo' + 2' 2' + Bo' Bo'
Länge über Puffer: 75.152 mm
Gewicht: 146 bzw. 156* t
Achslast: 12,17 bzw. 13 t
Höchstgeschwindigkeit: 160 km/h
Leistung: 2.600 kW
Stromsystem: 15 kV/16,7 Hz und 25 kV/50 Hz Wechselstrom
Verwendung/Einsatzgebiet: Regionalverkehr
Außerdienststellung: –
* beladen

Probefahrten führten den 4746.002 am 28. Mai 2015 ins Tiroler Oberland (bei Haiming).

ÖBB

Reihe 4746

TECHNISCHE DATEN

- Hersteller: Siemens Krefeld und ÖBB TS
- Lieferung/Indienststellung: 2015 – 2022
- Spurweite: 1.435 mm
- Achsfolge: Bo'Bo' + 2'2' + Bo'Bo'
- Länge über Puffer: 75.152 mm
- Gewicht: 146 bzw. 156* t
- Achslast: 12,17 bzw. 13 t
- Höchstgeschwindigkeit: 160 km/h
- Leistung: 2.600 kW
- Stromsystem: 15 kV/16,7 Hz und 25 kV/50 Hz Wechselstrom
- Verwendung/Einsatzgebiet: Regionalverkehr
- Außerdienststellung: –

* beladen

Die Beschaffung der Zweisystem-Triebwagen des Siemens-Typs Desiro ML für 15 kV/16,7 Hz und 25 kV/50 Hz Wechselstrom sah auch eine S-Bahn-Variante mit sechs Seitentüren vor, von denen die ÖBB zunächst 95 Fahrzeuge orderte. Ersatzinvestitionen für die Reihe 4020 sowie Angebotsausweitungen in der Ostregion erforderten zusätzliche Fahrzeuge. 2019 bzw. 2020 wurden weitere 24 bzw. elf Züge in Auftrag gegeben, die für einen möglichen Hybrideinsatz vorbereitet wurden. Der Bestellung gingen intensive Testfahrten mit dem Cityjet Eco 4746.049 voraus, der versuchsweise über eine Batterieanlage auf dem Dach des Mittelwagens verfügte. Die Produktion endete 2022 mit dem 4746.130; der 2010 geschlossene Rahmenvertrag gilt als ausgeschöpft. Weitere Fahrzeuge werden als Ersatz für den nicht übernommenen Talent 3 (Reihe 4758) gefertigt, diese für Vorarlberg und Tirol bestimmten Fahrzeuge stehen 2022 bis 2024 als Reihe 4748 zur Auslieferung an. Technisch sind die 4746 mit der Regionalbahn-Variante 4744 identisch, weisen allerdings nur 244 Sitzplätze auf. In diesem Zusammenhang kann auf ein Kuriosum hingewiesen werden: Am Siemens-Fahrzeug sind beim Zuladungsgewicht unerklärliche Werte angeschrieben, die unterstellen, dass eine Person maximal 50 kg wiegt. Die S-Bahn-Variante ist komplett in Floridsdorf beheimatet und für den S-Bahnverkehr in und um Wien vorgesehen.

Überstellungsfahrt nach der Präsentation in Dornbirn im Vorarlberg: 4758.009 und 4758.003 am 17. Juli 2019 bei Flirsch.

ÖBB

Reihe 4758 (Talent 3)

Zur Modernisierung des Triebfahrzeugparks in den Bundesländern im Zusammenhang mit neuen Verkehrsdiensteverträgen erfolgte 2016 eine Ausschreibung über 300 Elektrotriebwagen. Bombardier TS gewann die Ausschreibung mit dem Talent 3 und setzte sich gegen den Stadler-Flirt und den Siemens-Mireo durch, obgleich das Land Vorarlberg das Stadler-Produkt präferierte. Vorarlberg orderte als erstes Bundesland 21 Einheiten, im Juni 2018 folgte eine Bestellung von weiteren 25 Einheiten für Tirol. Die Vorarlberger Fahrzeuge sollten im Sommer 2019 zur Gymnaestrada 2019 in Dornbirn planmäßig verkehren, doch Probleme bei der Zulassung haben die Indienststellung verzögert. Um das Projekt doch noch auf die Schiene zu bringen, wurden zwei Triebwagen für Publikumsfahrten in Vorarlberg angemietet und eher unregelmäßig während des Testeinsatzes verwendet. Der 4758.015 ist seit dem 20. November 2020 im ÖBB-Bestand, der 4758.016 folgte per 17. Dezember 2020. Im März 2021 wurde der Testeinsatz abgebrochen, die in Vorarlberg befindlichen Fahrzeuge zum Hersteller überstellt und das Projekt einstweilen beendet. Der Talent 3 ist die technische Weiterentwicklung des Talents 2 mit neuem Antriebskonzept, einsetzbar unter beiden Wechselstromsystemen, von der auch eine Dreisystemvariante mit 3.000 Volt für den Verkehr mit Südtirol beschafft werden sollte. Die ÖBB-Variante ist sechsteilig und weist 304 Sitzplätze auf. Der Mehrzweckraum ist so konzipiert, dass sowohl eine Sommer- wie auch Wintervariante gestaltet werden kann.

TECHNISCHE DATEN

Hersteller: Bombardier
Lieferung/Indienststellung: 2018 – 2019
Spurweite: 1.435 mm
Achsfolge: Bo' + 2' + 2' + 2' + 2' + 2' + Bo'
Länge über Puffer: 105.000 mm
Gewicht: 190 bzw. 220* t
Achslast: 13,57 bzw. 15,72 t
Höchstgeschwindigkeit: 160 km/h
Leistung: 3.030 kW
Stromsystem: 15 kV/16,7 Hz und 25 kV/50 Hz Wechselstrom
Verwendung/Einsatzgebiet: –
Außerdienststellung: –
* beladen

Seltene Doppeltraktion auf der Puchbergerbahn: 5022.041 und 5022.048 am 31. Juli 2013 bei Unter Höflein.

ÖBB

Reihe 5022

TECHNISCHE DATEN

Hersteller: Siemens TS
Lieferung/Indienststellung: 2005 – 2008
Spurweite: 1.435 mm
Achsfolge: B'2'B'
Länge über Puffer: 41.700 mm
Gewicht: 70,3 t
Achslast: 11,72 t
Höchstgeschwindigkeit: 120 km/h
Leistung: 2 x 315 kW
Verwendung/Einsatzgebiet: Einsatz im Regionalverkehr auf nicht elektrifizierten Strecken, vorzugsweise in Kärnten, Oberösterreich, Wechselbahn, Steirische Ostbahn
Außerdienststellung: –

Die Reihe 5022 ist im Bereich der Dieseltriebwagen die jüngste Fahrzeuggattung. Die Beschaffung erfolgte im Zusammenhang mit neuen Bestellerverträgen mit den Bundesländern. Der erste Auftrag belief sich auf 20 Triebwagen, denen weitere 40 Fahrzeuge folgten. Die ÖBB wollten mit dieser Bestellung kurzfristig dem hohen Schadbestand bei der Reihe 5047 begegnen, die infolge von Verkehrsunfällen an Bahnübergängen abgestellt waren und auf die Ausbesserung warteten. Ein Manko der Reihe 5047 war zudem der hohe Spritverbrauch. Die bei Siemens TS beschafften Fahrzeuge der Reihe 5022 sind unter dem Produktnamen Desiro bekannt. In ähnlicher Ausführung stehen sie in großen Stückzahlen bei DB Regio und anderen Eisenbahnverkehrsunternehmen in Deutschland im Einsatz. Die Triebwagen der Reihe 5022 bestehen aus zwei Fahrzeughälften mit je einer Maschinenanlage, die über ein Jakobs-Drehgestell miteinander verbunden sind. Die Fahrzeuge verdrängten teilweise die Reihe 5047 und sind heute in Linz, Rottenegg (Mühlkreisbahn), Villach, Graz sowie Wiener Neustadt beheimatet. Die im CS-Design abgelieferten Triebwagen werden aktuell mit neuen Einzelsitzbankgruppen ausgestattet und erhalten ein geändertes Außendesign à la ÖBB-Cityjet.

Reihe 5047

Die „Geburtsstunde" der Reihe 5047 war das Jahr 1983, als die ÖBB bei den Dieseltriebwagen einen Modernisierungsbedarf feststellten. Der Fuhrpark bestand zu diesem Zeitpunkt aus Fahrzeugen der Zeit vor 1945 (Reihen 5041 – 5044) sowie aus den Neubaureihen (5045/5145, 5046/5146, 5081). All diese Typen waren hinsichtlich des Komforts nicht mehr zeitgemäß. Die Jenbacher Werke wurden zunächst mit dem Bau von 20 Einheiten der Reihe 5047 betraut, die ab dem Frühjahr 1987 in Dienst gestellt wurden. Die neuen Fahrzeuge sorgten auf den Einsatzstrecken bereits nach kurzer Zeit für Furore, was letztlich zur Beschaffung von insgesamt 100 Triebwagen sowie fünf Doppeltriebwagen Reihe 5147 führte; die alten Triebwagen konnten außer Dienst gestellt werden. Die gewählte Bauform erinnert sehr an die DB-Baureihe 627, deren Grundkonzeption übernommen wurde. Allerdings weist die Reihe 5047 einige Bauartunterschiede auf, und zwar im Bereich der WC-Anlage und des Vorraums, wo nachträglich ein Fahrkartenautomat eingebaut wurde. Die Fahrzeuge sind in einem gefälligen Design ausgeliefert worden. Rote und blaue Kontrastflächen ergänzen die Grundfarbe Elfenbein (später Achatgrau). Seit einigen Jahren erhalten die Fahrzeuge eine Neulackierung im Cityshuttle-Design, derzeit sind noch 90 Fahrzeuge im Betrieb.

TECHNISCHE DATEN

Hersteller: Jenbacher Werke AG Jenbacher Transportsysteme Jenbacher Energiesysteme
Lieferung/Indienststellung: 1987 – 1995
Spurweite: 1.435 mm
Achsfolge: 2'B'
Länge über Puffer: 25.420 mm
Gewicht: 47 t
Achslast: 11,75 t
Höchstgeschwindigkeit: 120 km/h
Leistung: 419 kW
Verwendung/Einsatzgebiet: Einsatz im Regionalverkehr auf nicht elektrifizierten Strecken, vorzugsweise in Ober- und Niederösterreich
Außerdienststellung: –

Der 5047.014 im CS-Design steht als Regionalzug 7240 am 19. August 2019 in der Haltestelle Pillichsdorf.

Die weiße 223.155 von PCT war am 28. November 2021 mit dem Güterzug 64569 bei Zeltweg unterwegs.

ÖBB

Reihe 223 (angemietet)

TECHNISCHE DATEN

Hersteller: Siemens
Lieferung: 2010
Indienststellung ÖBB: 2020
Spurweite: 1.435 mm
Achsfolge: Bo' Bo'
Länge über Puffer: 19.275 mm
Gewicht: 80 t
Achslast: 20 t
Höchstgeschwindigkeit: 140 km/h
Leistung: 2.000 kW
Verwendung/Einsatzgebiet: Güter- und Arbeitszüge
Außerdienststellung: 27. Januar 2022

Die Güterverkehrssparte der ÖBB sieht ihre Verkehrspotentiale auch im Ausland und expandiert entsprechend. Mit der Übernahme des deutschen Eisenbahnverkehrsunternehmens Private Car Train (PCT) durch die Rail Cargo Group entstand 2016 die RCC Germany mit Sitz in Köln. Fünf Lokomotiven des Siemens-Typs EuroRunner mit den Nummern 223.153 bis 155, 157 und 158 gingen in das Eigentum der deutschen Güterverkehrstochter über. Zwei Lokomotiven wurden an andere Eisenbahnverkehrsunternehmen vermietet, die 223.154 und 155 überstellte man hingegen nach Österreich. Beide wurden konzernintern verwendet, die Anmietung durch die ÖBB-Produktion GmbH erfolgte zum 29. Oktober 2020. Da beide Lokomotiven keine Zulassung zum Befördern von Personenzügen haben, können sie nur im Güterverkehr verwendet werden. Sie waren beispielsweise mit Arbeitszügen im Rahmen der Sanierung des Karawankentunnels im Einsatz und fanden für Arbeits- oder Materialzüge im Rahmen der Errichtung der Koralmbahn Verwendung. Beide Loks waren auch im Güterverkehr in Kärnten sowie länderüberschreitend über den Obdacher Sattel im Raum Zeltweg eingesetzt. Die behielten ihr Design und waren bis zum Mietende am 27. Januar 2022 in Villach stationiert.

Der angemietete 642.636 als Zug 5867 am 27. Juli 2020 bei der Ausfahrt im Bahnhof Munderfing.

ÖBB

Reihe 642 (angemietet)

Die Züge der Mattigtalbahn sind von Braunau im Salzburger Verkehrsverbund über die Landeshauptstadt Salzburg hinaus bis nach Freilassing durchgebunden. Die fehlende Zulassung der Reihe 5047 ab der österreichisch-deutschen Grenze bis nach Freilassing erforderte den Einsatz der DB-Dieseltriebwagen der Baureihe 628, die die Südostbayernbahn stellte. Im Betriebsdienst erwiesen sich die Fahrzeuge als zu leistungsschwach, wegen der längeren Fahrzeit konnten zwei Haltestellen nicht mehr bedient werden. Mit Beginn des Fahrplanjahres 2020 wurde der Verkehr auf der Mattigtalbahn deshalb auf die leistungsstärkeren Dieseltriebwagen der Baureihe 642 von DB Regio umgestellt, die soeben im Allgäu entbehrlich wurden. Ein weiteres Kriterium für den Einsatz der Reihe 642 war die Barrierefreiheit, die die Baureihe 628 mit dem Stufeneingang nicht gewährleisten konnte.
Die ÖBB-Personenverkehr AG mietete zunächst sieben Triebwagen an, denen im Jahr 2021 drei weitere folgten. Die Fahrzeuge wurden mit Folien im Design des Salzburger Verkehrsverbundes und der ÖBB gestaltet. Sie kommen ausschließlich auf der Verbindung Freilassing – Salzburg Hbf – Steindorf bei Straßwalchen – Braunau zum Einsatz und werden von den ÖBB in Salzburg selbst gewartet. Die vom DB-Stillstandsmanagement angemieteten Fahrzeuge haben bei Mietbeginn ständig technische Probleme bereitet. Es sind die einzigen ÖBB-Fahrzeuge für den Nahverkehr mit 1.-Klasse-Abteil.

TECHNISCHE DATEN

Hersteller: Siemens TS
Lieferung: 1999 – 2010
Indienststellung ÖBB: 2019, 2021
Spurweite: 1.435 mm
Achsfolge: B' 2' B'
Länge über Puffer: 41.700 mm
Gewicht: 68 bzw. 88* t
Achslast: 11,72 t
Höchstgeschwindigkeit: 120 km/h
Leistung: 2 x 275 kW
Verwendung/Einsatzgebiet: Regionalverkehr Freilassing – Flachgau – Braunau
Außerdienststellung: –
* beladen

Mit einem Gesellschaftssonderzug ist die 1010.003 am 8. März 2015 auf der Tauernbahn bei Dorfgastein im Einsatz.

Verkaufte ÖBB-Loks

Reihe 1010

Die ÖBB haben 1952 als erste Nachkriegs-Schnellzuglokkonstruktion die Reihe 1010 in Auftrag gegeben, wobei die sechsachsigen Gotthardlokomotiven Ae 6/6 der SBB als Vorbild fungierten. Das Einsatzgebiet der Schnellzugloks waren Strecken mit überwiegend geringen Steigungen, wie die Westbahn von Wien bis Salzburg bzw. bis Passau und die Ennstalstrecke (Amstetten – Bischofshofen), womit ein Limit der Achslast von 18 t vorgegeben war und letztlich die sechsachsige Ausführung bedingte. Einsätze ab 1961 auf der Südbahn und über den Semmering endeten mit Speichenrissen und zu starken Verschleißerscheinungen an den Spurkränzen. Die Lokomotiven wurden mit zwei verschiedenen Drehgestellbauarten ausgeliefert: 1010.01 und 02 erhielten lenkergeführte Drehgestelle ohne Realdrehzapfen, 1010.03 bis 20 konventionelle Drehgestelle mit Drehzapfen an der Mittelachse und Andreaskreuz. Während der langen Einsatzzeit wurden an den Maschinen verschiedene Änderungen durchgeführt; insbesondere die Hauptausbesserungen im TS-Werk Linz veränderten das Erscheinungsbild massiv, denn der ausgebauchte Neubaukasten inkludierte einen Rammschutz. Die letzten Loks schieden 2003 aus dem Planbetrieb aus. Einige Exemplare sind aber weiterhin im Einsatz zu sehen: 1010.002 beim Heizhaus Straßhof, 1010.003 und 1010.10 beim Club 1018, 1010.015 bei der ÖGEG für die Le Majestic-Züge.

TECHNISCHE DATEN

Hersteller: ABES (elektr. Teil); SGP Graz (mechan. Teil)
Lieferung/Indienststellung: 1955 – 1958
Spurweite: 1.435 mm
Achsfolge: Co'Co'
Länge über Puffer: 17.860 mm
Gewicht: 106*/109,8 t
Achslast: 17,67*/18,3 t
Höchstgeschwindigkeit: 130 km/h
Leistung: 4.000 kW
Stromsystem: 15 kV/16,7 Hz Wechselstrom
Verwendung/Einsatzgebiet: Adhoc-Verkehre, Nostalgiezüge
Außerdienststellung: 2003
* 1010 001 und 002

Verkaufte ÖBB-Loks

Reihe 1110.0

Die Reihe 1110 wurde zeitgleich mit der Reihe 1010 beschafft und stellt die langsamere Gebirgsausführung dar. Beide Reihen weisen im mechanischen Teil nur geringfügige Unterschiede auf, wobei Verbesserungen im Bereich der Drehgestelle hervorzuheben sind. Die 1110.11 bis 30 erhielten wie die 1110.05 Drehgestelle mit ideellem Drehzapfen, die 1110.05 wies zudem eine tiefreichende Frontschürze auf, um das Flugschneeproblem zu lösen. Als Antriebssystem diente der bewährte BBC-Hohlwellen-Federantrieb. Die Reihe 1110 war für die Gebirgsstrecken westlich von Salzburg geschaffen worden, weshalb das Übersetzungsverhältnis gezielt für dieses Einsatzspektrum geändert und die Höchstgeschwindigkeit um 20 km/h herabgesetzt wurde. Alle Maschinen wurden in tannengrüner Lackierung abgeliefert und erhielten ab Ende der 1960er-Jahre eine blutorangene Lackierung mit Zierstreifen in Elfenbein. Die Grundfarbe änderte sich in den 1990er-Jahren zu Verkehrsrot. Die 1110.004, 015 und 018 erhielten im TS-Werk Linz einen Neubaukasten und eine Lackierung im Valousek-Design. 2003 endete der ÖBB-Einsatz. Lediglich die 1110.015 ist als betriebsfähiges Exemplar erhalten geblieben. Sie wurde von der ZTT für KLV-Verkehre erworben und gehört heute der SETG.

TECHNISCHE DATEN

Hersteller: ABES (elektr. Teil); SGP Graz (mechan. Teil)
Lieferung/Indienststellung: 1956 – 1960
Spurweite: 1.435 mm
Achsfolge: Co'Co'
Länge über Puffer: 17.860 mm
Gewicht: 106/109,8* t
Achslast: 17,67/18,3* t
Höchstgeschwindigkeit: 110 km/h
Leistung: 4.000 kW
Stromsystem: 15 kV/16,7 Hz Wechselstrom
Verwendung/Einsatzgebiet: Adhoc-Verkehre
Außerdienststellung: 2003
* 1110.001 – 1110.004, 1110.006 – 010

1110.015 von ZTT und 1010.002 mit einem KLV-Zug am 19. August 2018 bei Nettingsdorf.

Die 1110.524 der Regiobahn bespannte am 27. Februar 2021 bei Schwaz einen Kesselwagenzug nach Buchs (SG).

Verkaufte ÖBB-Loks

Reihe 1110.500

TECHNISCHE DATEN

- Hersteller: ABES (elektr. Teil); SGP Graz (mechan. Teil)
- Lieferung/Indienststellung: 1974 – 1975 (Umbau)
- Spurweite: 1.435 mm
- Achsfolge: Co' Co'
- Länge über Puffer: 17.860 mm
- Gewicht: 107,2/109,8* t
- Achslast: 17,87/18,3* t
- Höchstgeschwindigkeit: 110 km/h
- Leistung: 4.000 kW
- Stromsystem: 15 kV/16,7 Hz Wechselstrom
- Verwendung/Einsatzgebiet: Adhoc-Verkehre
- Außerdienststellung: 2003

* 1110.502

Die Hauptwerkstätte Linz rüstete in den Jahren 1974/75 zehn Lokomotiven der Reihe 1110.0 mit einer thyristorgeregelten Gleichstrom-Widerstandsbremse ähnlich jenen der Reihen 1042.531 ff. und 4010 nach. Die Auswahl der umzubauenden Maschinen ergab sich aus der damaligen Zeitfolge der Revisionsfälligkeit. Die umgebauten Loks wurden unter Beibehaltung der alten Ordnungsnummer wieder dem Betriebsdienst übergeben, waren jedoch durch zahlreiche Änderungen am Dach eindeutig erkennbar. Oberhalb der Führerstände wurden die Bremswiderstände angeordnet und aus Platzgründen Einholmstromabnehmer anstatt der Scherenstromabnehmer montiert. Die Umzeichnung zur Reihe 1110.500 erfolgte erst 1975 unter Beibehaltung der Ordnungsnummern (502, 505, 516, 519, 521, 522, 524, 526, 529 und 530). Ihr Einsatzgebiet war die Arlberg- und die Brennerbahn. Anstehende Hauptausbesserungen zwischen 1992 und 1997 änderten das Erscheinungsbild abermals. 1110.516, 519, 521, 522, 524, 529 und 530 kehrten mit Neubaukasten samt geänderter Silhouette und neuer Lackierung in den Betriebsdienst zurück. 2003 endete der Planeinsatz. Gegenwärtig sind noch zwei Lokomotiven im Einsatz zu sehen, und zwar 1110.505 und 1110.524 für die Regiobahn GmbH. Die 1110.524 war Ausstellungsstück an der Fachhochschule Johanneum in Graz und bei der Montafonerbahn im Einsatz.

Die 1014.004, 1014.003 und 1014.010 von ZTT bespannten am 17. Februar 2019 den Wenzel-KLV-Zug 96913 über die Pyhrnbahn, aufgenommen bei St. Pankraz.

Verkaufte ÖBB-Loks

Reihe 1014

Die Beschaffung der Reihe 1014 steht in Zusammenhang mit der für 1995 von Wien und Budapest geplanten gemeinsamen Weltausstellung. Die ÖBB beschafften im vorauseilenden Gehorsam 18 Zweifrequenzloks für den Städteverkehr Wien – Budapest. Die als „Expo-Loks" bezeichneten Maschinen basieren auf einer technischen Weiterentwicklung der zwei Umbauloks der Reihe 1146, womit auch schon das Einsatzgebiet vordefiniert war: Einsatz auf der Nord- bzw. Ostbahn und Regionalverkehre zur ROeEE/GySEV. Für grenzüberschreitende EC-Verkehre nach Budapest erhielten fünf Exemplare (1014.005 – 007, 009 und 015) das ungarische Zugsicherungssystem EVM 120 und waren mit vier Stromabnehmer bestückt. Der Dienst vor schweren Güterzügen setzte der Reihe 1014 sehr zu, auch der anschließende Einsatz vor den CAT-Zügen zum Flughafen Wien mit den drei Flughafenloks 1014.005, 007 und 010 war nicht von Erfolg gekrönt. Mitte der 2010er-Jahre erfolgte die Abstellung der Serie und der Verkauf nach Rumänien; nach dem Erwerb durch die Zeller Transporttechnik kehrten sie wieder nach Österreich zurück. Mehrere Maschinen wurden betriebsfähig aufgearbeitet und für KLV-Verkehre zwischen Wels und Kalsdorf („Wenzel-Zug") verwendet. Diese Loks traten 2021 den Weg nach Tansania an.

TECHNISCHE DATEN

Hersteller: Elin (elektr. Teil); Siemens-Verkehrstechnik (mechan. Teil)
Lieferung/Indienststellung: 1993 – 1994
Spurweite: 1.435 mm
Achsfolge: Bo' Bo'
Länge über Puffer: 17.500 mm
Gewicht: 74 t
Achslast: 18,5 t
Höchstgeschwindigkeit: 170 km/h
Leistung: 3.000 kW
Stromsystem: 15 kV/16,7 Hz und 25 kV/50 Hz Wechselstrom
Verwendung/Einsatzgebiet: Adhoc-Verkehre
Außerdienststellung: 2016

Die nachträglich mit Scheinwerfern ausgestattete 1020.044 von ProLok steht in Summerau für die nächsten Schiebedienste bereit.

Verkaufte ÖBB-Loks

Reihe 1020

TECHNISCHE DATEN
Hersteller: AEG, Siemens, Elin* (elektr. Teil); Krauss-Maffei, AEG, WLF* (mechan. Teil)
Lieferung/Indienststellung: 1940 – 1943, 1954*
Spurweite: 1.435 mm
Achsfolge: Co' Co'
Länge über Puffer: 18.600 mm
Gewicht: 120 t
Achslast: 20 t
Höchstgeschwindigkeit: 90 km/h
Leistung: 3.300 kW
Stromsystem: 15 kV/16,7 Hz Wechselstrom
Verwendung/Einsatzgebiet: Adhoc-Verkehre
Außerdienststellung: 1995
* Nachbau-Maschinen

Die Reihe 1020 ist ein Produkt der Deutschen Reichsbahn, das erste Einsatzgebiet der E 94 waren die Gebirgsstrecken der „Ostmark". Von den 145 gebauten Lokomotiven sind nach 1945 insgesamt 44 in Österreich verblieben und wurden 1953 in die neue Reihe 1020 umgezeichnet. Die Umzeichnung erfolgte nicht nach den alten Ordnungsnummern, sondern nach der Zusammenfassung in separate Nummernblöcke der Siemens- bzw. AEG-Loks. Zu Beginn der 1950er-Jahre sind mit vorhandenen Teilen die drei Nachbau-Maschinen 1020.45 bis 47 bei WLF und AEG-Union entstanden. Das Aussehen der Loks änderte sich bereits zu Beginn der 1960er-Jahre durch Aufbau neuer Stromabnehmerscheren mit Doppelwippe, Einbau von Düsenlüftern in die Vorbautüren und Ausstattung mit einem dritten Spitzenlicht. Bei Hauptausbesserungen mit Grundüberholung (HG-Ausbesserung) ab 1967 änderte sich das Erscheinungsbild abermals. Die Arbeiten umfassten den Einbau von zwei gummigefassten Stirn- und Maschinenraumfenstern, geänderte Vorbau-Fronttüren, Scheinwerfer-Schlusslicht-Kombinationen, Drucklufthauptschalter sowie Erneuerung der Verkabelung und Pneumatik einschließlich des Instrumentenpults im Führerstand. Die Reihe 1020 ist mit 1. Juli 1995 ausgeschieden. Mehrere Loks blieben als Nostalgielokomotiven bei den ÖBB erhalten, wurden später aber veräußert. Heute ist nur noch die 1020.044 für ProLok/Metrans kommerziell im Einsatz.

Die an Adria Transport vermieteten 1822.004 und 1822.001 haben am 7. Juli 2020 den Gipszug aus Selzthal gefahren.

Verkaufte ÖBB-Loks

Reihe 1822

Mehr Verkehr auf die Schiene, das ist nicht nur ein Slogan der Neuzeit gepaart mit Klimaschutzbemühungen, sondern derartige Bestrebungen gab es schon in den 1980er- und 1990er-Jahren. Verkehrsminister Dr. Streicher schlug zur Effizienzsteigerung des internationalen Güterverkehrs über den Brenner den Bau einer Zweisystemlokomotive für das österreichische und das italienische Streckennetz (3 kV Gleichstrom) vor. Der Bedarf wurde mit 80 Maschinen bemessen, die im gemeinsamen Pool der drei Bahnverwaltungen (DB, ÖBB und FS) verkehren sollten. Beschafft wurden allerdings nur fünf Prototypen, die viele technische Probleme aufwiesen. Die bürokratischen Hürden für die Zulassung in Italien waren hoch. Daher wurde nur die 1822.003 im Jahr 1993 vorab provisorisch in den ÖBB-Bestand genommen, um das Zulassungsverfahren einzuleiten. Ab 1996 kamen die Loks vor Zügen der Rollenden Landstraße oder im Korridorverkehr Innsbruck – Lienz zum Einsatz. Obwohl die gewünschte Serienbestellung ausblieb, gilt die Reihe 1822 trotzdem als Wegbereiterin für die heutigen Mehrsystemloks, die so zahlreich über die Grenze am Brenner rollen. 2005 wurden zwei Maschinen nach Polen verkauft. Die anderen drei Loks hat die Firma P & P Eisenbahntechnik übernommen. Sie wurden bei Tecsol technisch aufgearbeitet und mit neuer Lackierung einem neuen Einsatzgebiet zugeführt bzw. waren an MMV-Rail Austria vermietet. Im April 2022 wurden die Loks öffentlich zum Verkauf angeboten.

TECHNISCHE DATEN

Hersteller: ABB, Siemens (elektr. Teil); SGP Graz (mechan. Teil)
Lieferung/Indienststellung: 1993 – 1996
Spurweite: 1.435 mm
Achsfolge: Bo' Bo'
Länge über Puffer: 19.300 mm
Gewicht: 83 t
Achslast: 20,75 t
Höchstgeschwindigkeit: 140 km/h
Leistung: 4.400 kW
Stromsystem: 15 kV/16,7 Hz Wechselstrom und 3.000 V Gleichstrom
Verwendung/Einsatzgebiet: Adhoc-Verkehre
Außerdienststellung: 2014

Die 1040.013 bespannte am 7. März 2020 den Sonderzug 14325 von Böheimkirchen nach Retz im Weinviertel, aufgenommen bei Ober Olberndorf.

Verkaufte ÖBB-Loks

Reihe 1040

TECHNISCHE DATEN

Hersteller: ABES (elektr. Teil); WLF (mechan. Teil)
Lieferung/Indienststellung: 1950 – 1952
Spurweite: 1.435 mm
Achsfolge: Bo' Bo'
Länge über Puffer: 12.920 mm
Gewicht: 80,2 t
Achslast: 20,05 t
Höchstgeschwindigkeit: 90 km/h
Leistung: 2.360 kW
Stromsystem: 15 kV/16,7 Hz Wechselstrom
Verwendung/Einsatzgebiet: Adhoc-Verkehre
Außerdienststellung: 2002

Die ÖStB bzw. die ÖBB forcierten nach dem Zweiten Weltkrieg die ab 1937 begonnene und durch die Kriegswirren bedingte Unterbrechung der Elektrifizierung der Westbahn bis nach Wien. Obwohl die Fertigstellung erst 1952 erfolgte, wurden 1947 auf Basis der Reihe 1245 insgesamt 16 modifizierte Loks als Reihe 1040 bei WLF (mechanischer Teil) und der Firmengemeinschaft ABES (elektrischer Teil) bestellt. Die Fertigung erfolgte in zwei Baulosen unter Berücksichtigung modernster Erkenntnisse (Schweißtechnik). Die ersten zehn Maschinen hatten eine gerade Stirnfront und wurden später an die Lokomotiven des zweiten Bauloses (1040.11 bis 16) mit deren Kopfform angepasst. Die sehr kleinen, aber voluminös wirkenden Loks mit 90 km/h Höchstgeschwindigkeit und einer Leistungssteigerung von ca. 25 % gegenüber der 1245-Familie wurden zunächst auf der Westbahn eingesetzt. Mit der Ablieferung neuerer Lokreihen änderte sich das Einsatzgebiet sehr rasch und verlagerte sich u. a. auf die Tauernstrecke oder später auf Vorspannleistungen am Semmering und im untergeordneten, gemischten Betrieb auf landschaftlich reizvollen Strecken. Am 1. Oktober 2002 schied die letzte Lok aus dem ÖBB-Bestand. Mehrere Loks sind erhalten geblieben, doch kommerziell eingesetzt wird nur die 1040.013 vom Club 1018.

1041.202 von ProLok am 3. August 2013 auf Überstellungsfahrt Sprob 97713 bei Fentsch-St. Lorenzen.

Verkaufte ÖBB-Loks

Reihe 1041

Die Elektrifizierung der Westbahn nach dem Zweiten Weltkrieg erforderte dringend adäquate Elektroloks. Der Erstbedarf wurde durch den modifizierten Weiterbau der Reihe 1245 als Reihe 1040 gestillt. Parallel dazu erfolgte die Konzeption für die Reihe 1041, die erste Neubaulok der ÖBB. Bei dieser Neukonstruktion wurden völlig neue Wege eingeschlagen und die Erkenntnisse des Waggonbaus als technische Ausgangsbasis abgeleitet. Die Neukonzipierung des mechanischen Teiles ist am Lokkasten klar ersichtlich. Dieser ruht auf zwei Drehgestellen. Die Kraftübertragung erfolgt nicht mehr direkt von den Drehgestellen, sondern über den Drehzapfen auf das Drehgestell. Neuerungen gab es auch beim Antrieb. Statt des Sécheron-Antriebs der Reihe 1040 fand der AEG-Kleinow-Federtopfantrieb Verwendung. Bis 1953 gingen 25 Exemplare in Betrieb. 1993 wurden vier Loks (1041.02, 04, 19 und 22) für einen Getriebeumbau mit Anhebung der Höchstgeschwindigkeit auf 110 km/h ausgewählt und in die Reihe 1041.200 umgezeichnet. 2003 kam das Ende dieser Reihe. Zwei Loks sind anschließend betriebsfähig erhalten geblieben. Die grüne Nostalgielok 1041.15 steht im Heizhaus Straßhof, die verkehrsrot lackierte 1041.202 wurde an ProLok GmbH verkauft und zum Jahreswechsel 2021/22 in Graz verschrottet.

TECHNISCHE DATEN

- Hersteller: ABES (elektr. Teil); SGP Graz (mechan. Teil)
- Lieferung/Indienststellung: 1951 – 1953
- Spurweite: 1.435 mm
- Achsfolge: Bo' Bo'
- Länge über Puffer: 15.320 mm
- Gewicht: 83 t
- Achslast: 20,75 t
- Höchstgeschwindigkeit: 90/110* km/h
- Leistung: 2.360 kW
- Stromsystem: 15 kV/16,7 Hz Wechselstrom
- Verwendung/Einsatzgebiet: –
- Außerdienststellung: 2003

* Reihe 1041.200

Die 1141.24 (A-RPS 93 81 1141.024-8) durchfuhr am 15. Oktober 2011 den Bahnhof Wiener Neustadt.

Verkaufte ÖBB-Loks

Reihe 1141

TECHNISCHE DATEN

Hersteller: ABES (elektr. Teil); SGP Graz (mechan. Teil)
Lieferung/Indienststellung: 1955 – 1957
Spurweite: 1.435 mm
Achsfolge: Bo' Bo'
Länge über Puffer: 15.260 mm
Gewicht: 80 t
Achslast: 20 t
Höchstgeschwindigkeit: 110 km/h
Leistung: 2.480 kW
Stromsystem: 15 kV/16,7 Hz Wechselstrom
Verwendung/Einsatzgebiet: Adhoc-Verkehre
Außerdienststellung: 2003

Fortschritte bei der Streckenelektrifizierung erforderten die Beschaffung weiterer Elektrolokomotiven. Wegen der Anhebung der Streckenhöchstgeschwindigkeit auf 100 km/h sollten die Neubauten über eine höhere Geschwindigkeit verfügen. Auf Basis der Reihe 1041 entstand daher eine weiterentwickelte Konstruktion mit einer Höchstgeschwindigkeit von 110 km/h als Reihe 1141. Der Wegfall der E-Bremse reduzierte das Eigengewicht und ging mit einer minimalen Erhöhung der Leistung einher. Völliges Neuland betrat man damals mit der Anwendung des Siemens-Gummiringfederantriebs. Das erste Einsatzgebiet der Reihe 1141 war die Südbahn, wo die Maschinen neben dem Regionalzugdienst auch zum Führen von leichten Güterzügen verwendet wurden. Das optische Erscheinungsbild unterschied sich nur unwesentlich. Erst Hauptausbesserungen in den 1990er-Jahren führten zu einer Neugestaltung des Fahrzeugkastens einschließlich Neulackierung in Verkehrsrot, ausgeführt an den Lokomotiven 1141.003, 005, 008, 019, 020, 022 bis 024, 026 und 027. Der Planbetrieb der Reihe 1141 endete bei den ÖBB im Jahr 2003. Einige Loks fanden zunächst als Museumsloks Verwendung und wurden an EVUs verkauft. Die 1141.21 ist bei der ÖGEG im Einsatz und die 1141.024 bei RPS/ProLok. Die ebenfalls an RPS/ProLok verkaufte 1141.019 wurde zum Jahresende 2021 in Graz verschrottet.

Die 1042.23 wartet im Bahnhof Reichraming mit dem Sz 14207 auf die Abfahrt nach Wien.

Verkaufte ÖBB-Loks

Reihe 1042.0

Die Reihe 1042 war bis zur Beschaffung des Taurus die größte Lokfamilie der ÖBB. Die zwischen 1963 bis 1977 gelieferten 257 Maschinen verteilten sich auf drei Gruppen. Als Nachfolgerin der sechsachsigen 1010 und 1110 sollte die Reihe 1042 als vierachsige „Grenzleistungslok" den Traktionserfordernissen am Semmering (engster Kurvenradius 189 m, 25 ‰ Steigung) entsprechen. Die 60 Exemplare der Reihe 1042.0 wurden mit gleich drei verschiedenen Motortypen mit einer Stundenleistung zwischen 890 und 1000 kW geliefert: EM 890 bei 1042.01 – 38; EM 910 bei 1042.048 – 060; und EM 1001 bei 1042.039 – 047. Um die Lokomotiven mit den selben Motortypen bezüglich der Ordnungsnummern zusammenzufassen, fanden 1968 und 1973/74 wilde Umzeichnungsorgien von 1042.0 und 1042.500 statt. Die Reihe 1042.0 unterschied sich gegenüber der Hauptlieferserie im Dachaufbau, bei der E-Bremse und besaß teilweise Scherenstromabnehmer. Mit 130 km/h liegt die Höchstgeschwindigkeit 20 km/h niedriger als bei der Reihe 1042.5, die Anhängelast beträgt bei allen Loks einheitlich 500 t. Die letzten Maschinen dieser Serie sind 2013 ausgeschieden. Einige wurden als Vorheizanlagen weiterverwendet, neun verkauften die ÖBB 2012 an Widmer Rail Services in die Schweiz. Lediglich die 1042.023 ist in Österreich betriebsfähig erhalten geblieben und wird von der ProLok GmbH eingesetzt.

TECHNISCHE DATEN

Hersteller: BES (elektr. Teil); WLF, SGP Floridsdorf (mechan. Teil)
Lieferung/Indienststellung: 1963 – 1966
Spurweite: 1.435 mm
Achsfolge: Bo' Bo'
Länge über Puffer: 16.200 mm
Gewicht: 83,9 t
Achslast: 21 t
Höchstgeschwindigkeit: 130 km/h
Leistung: 3.590/3.600* kW
Stromsystem: 15 kV/16,7 Hz Wechselstrom
Verwendung/Einsatzgebiet: Adhoc-Verkehre
Außerdienststellung: 2013
* 1042.001 – 038, 048 – 060

Verkaufte ÖBB-Loks

Reihe 1142

TECHNISCHE DATEN

Hersteller:	BES (elektr. Teil); WLF, SGP Floridsdorf und Graz (mechan. Teil), Umbau TS-Werk Linz und Elin
Lieferung/Indienststellung:	1995 – 2001 (Umbau)
Spurweite:	1.435 mm
Achsfolge:	Bo' Bo'
Länge über Puffer:	16.200 mm
Gewicht:	82,5 t
Achslast:	20,63 t
Höchstgeschwindigkeit:	150 km/h
Leistung:	4.000 kW
Stromsystem:	15 kV/16,7 Hz Wechselstrom
Verwendung/Einsatzgebiet:	Adhoc-Verkehre
Außerdienststellung:	–

Die Reihe 1142 ist aus dem Umbau der Hauptlieferserie der Reihe 1042 (1042.531 bis 1042.707; 177 Lokomotiven) entstanden. Obwohl die Reihe 1142 schon in die Jahre gekommen ist, erfreuen sich die Maschinen im Betriebsdienst großer Beliebtheit, denn die Wartung der Loks ist im Vergleich zur jüngeren 1144 wesentlich kostengünstiger. Die Beschaffung neuer ÖBB-Triebwagen spielte mehrere Lokomotiven frei. Ausgemusterte 1142 wurden an verschiedene Eisenbahnverkehrsunternehmen veräußert und im TS-Werk Linz zuvor überarbeitet. Zu den Käufern zählen u.a. Hector-Rail in Schweden, North-Rail in Deutschland, aber auch österreichische Eisenbahnverkehrsunternehmen. Die nach Deutschland verkauften Lokomotiven (1142.562, 578, 579, 635 und 704) sind mit einer Ausnahme alle wieder in Österreich zurück. Auch ein Teil der zum Verschrotten nach Rumänien verkauften 1142 fand den Weg zurück in die alte Heimat. Derzeit werden 1142 von den EVU Grampetcargo Austria, ProLok GmbH und Steiermarkbahn in unterschiedlichen Designs eingesetzt. Die GCA-Loks (1142.630, 642, 646, 656, 663 und 696) sind hellblau/grau lackiert. Die weißen 1142.562, 578, 613, 623 und 628 gehören der Steiermarkbahn. ProLok bzw. RPA betreibt die 1142.579, 614, 617, 635, 655, 671 und 705. Im Eigentum der Centralbahn AG steht die in Deutschland befindliche 1142.704.

Kesselwagenzug 97034 mit den Grampetcargo-Loks 1142.696 und 1142.656 am 5. September 2020 bei Tallesbrunn auf der Fahrt in Richtung Wien.

Die 1142.613 und 1142.562 der StB brachten am 17. November 2020 Leercontainer von Werndorf nach Wolfurt (aufgenommen bei Rietz).

Die 1142.562 und 1142.578 der Steiermarkbahn (StB) passierten am 19. Februar 2019 mit einem KLV-Zug Kremsmünster.

Am 24. August 2003 war die 4061.13 mit einer Spantenwagen-Garnitur bei Eichberg am Semmering im Einsatz.

Verkaufte ÖBB-Loks

Reihe 1046

TECHNISCHE DATEN
Hersteller: ABES (elektr. Teil), WLF (mechan. Teil)
Lieferung/Indienststellung: 1956 – 1959
Spurweite: 1.435 mm
Achsfolge: Bo' Bo'
Länge über Puffer: 16.170 mm
Gewicht: 67 t
Achslast: 16,75 t
Höchstgeschwindigkeit: 125 km/h
Leistung: 1.600 kW
Stromsystem: 15 kV/16,7 Hz Wechselstrom
Verwendung/Einsatzgebiet: Adhoc-Verkehre
Außerdienststellung: 2003

Die ÖBB planten etwa zeitgleich zur Beschaffung der sechsachsigen Schnellzugloks der Reihe 1010 leichte lokbespannte Städteschnellzüge mit eigens dafür entwickelten Lokomotiven und Wagen in Dienst zu setzen. Für diesen Zweck wurden zwischen 1956 und 1959 insgesamt 25 leichte und 1.600 kW starke Loks der Reihe 4061 in Auftrag gegeben. Um die Mitführung eines Gepäckwagens einzusparen, wurde in der Fahrzeugmitte ein Gepäckabteil angeordnet. Die Triebfahrzeuge wurden daher als Gepäcktriebwagen eingereiht. Nachdem das geplante Konzept der lokbespannten Städteschnellzüge aus verschiedenen Gründen nie umgesetzt wurde, fand im Jahre 1976 die Umzeichnung von 4061 in 1046 statt. Zwölf Loks erhielten ab 1988 infolge starker Korrosionsschäden am Fahrzeugaufbau einen Neubaukasten. Die derart umgestalteten Loks waren nicht mehr wiederzukennen. Die HG-Loks waren im neuen Farbschema mit Bauchbinde und Brille lackiert. Die Altbau-1046 hingegen standen in blutorangener und sogar in tannengrüner Lackierung im Einsatz. Die 1046.009 erhielt als Besonderheit das Valousek-Design und war die einzige 1046 mit Altbaukasten im neuen Farbschema. Einige Loks standen nach ihrem Ausscheiden im Jahr 2003 weiterhin in Betrieb. Die 4061.13 des Club 1018 wird jährlich für Inspektionsfahrten der ÖBB-Infrastruktur herangezogen.

Die 2043.037 von Austrovapor verschiebt am 30. August 2016 im Bahnhof Neunkirchen Schlackewagen; daneben die 1010.02 des 1. ÖSEK, die die Wagen nach Neunkirchen brachte.

Verkaufte ÖBB-Loks

Reihen 2043 und 2143

Die ÖBB haben in den Jahren 1964 bis 1977 insgesamt 154 vierachsige Streckendiesellokomotiven in der Leistungsklasse bis 1.100 kW (1.500 PS) mit 110 km/h Höchstgeschwindigkeit und Achslasten von 16,7 bis max. 18,9 Tonnen beschafft. Die Indienststellung der Reihe 2016 ab 2002 führte zur vermehrten Abstellung der Diesellokomotiven der Reihen 2043 und 2143. Während die noch vorhandenen 2043 der ÖBB alle abgestellt sind und zum Verkauf angeboten werden, befinden sich einige 2143 weiterhin im Einsatz. Die ÖBB haben im Zuge von Kassierungen eine Vielzahl dieser Lokomotiven an Dritte veräußert, die heute in kommerziellen Einsätzen bei privaten Eisenbahnverkehrsunternehmen tätig sind. Von den Jenbacher Maschinen ist die 2043.037 für Austrovapor tätig. Betriebsfähig erhalten ist auch die als 2043.24 beschriftete 2043.065 der Neuen Landesbahn. Von der Reihe 2143 sind deutlich mehr Lokomotiven weiterhin aktiv. Die 2143.004, 005, 010, 014, 016, 025, 026, 031, 032 und 077 sind als Bauzugloks bei Swietelsky/RTS im Einsatz. Die 2143.009 gehört jetzt SETG (zuvor ZTT). Die 2143.037 und 072 sind bei Austrovapor untergekommen. Der Verein Neue Landesbahn besitzt die 2143.038, 048, 055, 056 und 070. Die 2143.051, 058, 067 und 068 gehören Pro-Lok GmbH/RPA, Regiobahn betreibt die 2143.062.

TECHNISCHE DATEN

Reihe 2043
Hersteller: Jenbacher Werke
Lieferung/Indienststellung: 1964 – 1976
Spurweite: 1.435 mm
Achsfolge: B' B'
Länge über Puffer: 15.760 mm
Gewicht: 67 – 68 t
Achslast: 17 t
Höchstgeschwindigkeit: 110 km/h
Leistung: 1.104 kW
Verwendung/Einsatzgebiet: Remisenverschub und lokaler Güterverkehr
Außerdienststellung: –

TECHNISCHE DATEN

Reihe 2143

Hersteller: SGP Floridsdorf, Wien

Lieferung/Indienststellung: 1965 – 1977

Spurweite: 1.435 mm

Achsfolge: B' B'

Länge über Puffer: 15.800 mm

Gewicht: 67 t

Achslast: 17 t

Höchstgeschwindigkeit: 110 km/h

Leistung: 1.115 kW

Verwendung/Einsatzgebiet: Remisenverschub und lokaler Güterverkehr

Außerdienststellung: –

Die 2143.070 des Vereins Neue Landesbahn bespannte am 6. Mai 2018 den „Reblaus-Express" (in Niederfladnitz).

Eine der letzten Einsätze in Diensten der ÖBB: 2143.040 am 14. September 2020 mit dem Vg 76167 bei Sollenau.

Die tannengrüne 2060.64 gehört den Nostalgiebahnen in Kärnten, aufgenommen am 25. Oktober 2020 vor dem Heizhaus in St. Veit an der Glan-Westbahnhof.

Verkaufte ÖBB-Loks

Reihe 2060

Der Verschubdienst wurde nach 1945 von einer Vielzahl kleinerer Dampfloks durchgeführt. Die Modernisierung wurde ab 1954 durch die Beschaffung von 100 stangenlos angetriebenen und für den leichten Verschubdienst tauglichen dieselhydraulischen Lokomotiven vom Typ „Jenbach 200" bei den Jenbacher Werken in drei Baulosen eingeläutet. Anfang der 1990er-Jahre begann die große Ausmusterungswelle. Zahlreiche Loks wurden für Bahndienstzwecke in X260 umgezeichnet und verschiedensten Dienststellen der ÖBB für betriebsinterne Aufgaben zugewiesen. Ein Teil der Flotte wurde noch in X631.0 umgezeichnet oder aber verkauft. Mehrere Lokomotiven sind der Nachwelt erhalten geblieben. Vier Exemplare kommen heute als umgebaute Verschubroboter RE 01 bis 04 bei den Steiermärkischen Landesbahnen zum Einsatz. Weitere Loks sind bei Austrovapor (2060.004 und 074), Bahn im Film (2060.013 und 014) und der ÖGEG (2060.022, 032, 052, 065, 092, 094 und 099) verblieben. Der Gailtalbahn Betriebs GmbH gehört die 2060.048, die 2060.64 ist beim NBiK vorhanden, die 2060.058 beim Museumsbetrieb KKMB in Sulz-Nexing, die 2060.069 bei der Erzbergbahn, die 2060.082 bei ProLok/RPA, die 2060.086 beim Club Blauer Blitz und die 2060.091 beim Verein Neue Landesbahn.

TECHNISCHE DATEN

Hersteller: Jenbacher Werke
Lieferung/Indienststellung: 1954 – 1963
Spurweite: 1.435 mm
Achsfolge: B
Länge über Puffer: 6.700 mm
Gewicht: 27,4/28,3* t
Achslast: 13,7/14,2 t
Höchstgeschwindigkeit: 60/30** km/h
Leistung: 147 kW
Verwendung/Einsatzgebiet: Verschubarbeiten
Außerdienststellung: 2003
* Nachlieferserie 2060 081 – 100
** Verschubgang

Die 2062.53 von Bahn im Film zeigt sich am 8. Oktober 2020 in Mistelbach-Lokalbahnhof in karminroter Lackierung.

Verkaufte ÖBB-Loks

Reihe 2062

TECHNISCHE DATEN
Hersteller: Jenbacher Werke
Lieferung/Indienststellung: 1958 – 1966
Spurweite: 1.435 mm
Achsfolge: B
Länge über Puffer: 8.000 mm
Gewicht: 31,9 t
Achslast: 16 t
Höchstgeschwindigkeit: 60/30* km/h
Leistung: 294 kW
Verwendung/Einsatzgebiet: Verschubarbeiten
Außerdienststellung: 2003
* Verschubgang

Beim Einsatz der Reihe 2060 offenbarte sich alsbald ihre Leistungsschwäche, denn die zierliche Loktype mit nur 200 PS Leistung erwies sich für den teils anspruchsvollen Verschubdienst als zu schwach dimensioniert. Die ÖBB bestellten daraufhin eine leistungsstärkere Variante in Form der „Jenbach 400" mit doppelter Motorleistung. Gegenüber der Reihe 2060 wurde die Grundkonzeption des Fahrzeugaufbaus beibehalten, allerdings für die neuen Kennwerte adaptiert und die Lok um 1.300 mm verlängert. Zwischen 1958 und 1966 entstanden 65 Exemplare, die sowohl im Verschubdienst als auch vor Arbeitszügen verwendet wurden. Ende 2003 kam ein neues Betätigungsfeld als „Tunnelrettungsloks" (für den Tauern- und den Karawankentunnel) hinzu. Als X262 wurden sie bahninternen Zwecken zugeführt und später in X631.500 umgezeichnet. Mehrere Loks fanden den Weg zu Eisenbahnverkehrsunternehmen oder wurden ins Ausland verkauft. Die 2062.002 ist beim NBiK, 2062.004 bei Rhomberg in Dornbirn, 2062.005 bei der Regiobahn, 2062.029 beim ÖCD, 2062 031 bei Swietelsky, 2062.033 bei Austrovapor, 2062.034, 036 und 038 bei der ÖGEG, 2062.049 bei den Eisenbahnfreunden Lienz, 2062.53 bei Bahn im Film und 2062.055 beim 1. ÖSEK. Die Maschinen dienen dem örtlichen Verschub oder werden als Museumsloks verwendet.

Mehrere 2067 erhielten eine orange/silberne Lackierung, u.a. die 2067.023, die am 20. Januar 2012 in Hütteldorf abgestellt war.

Verkaufte ÖBB-Loks

Reihe 2067

Mit 111 Exemplaren ist die Reihe 2067 die ÖBB-Verschubdiesellok mit der größten Stückzahl. Obwohl die ÖBB im Vorfeld schon die Reihen 2060 und 2062 beschafft hatten, konnte die endgültige Ablösung der Dampfloks im Verschubdienst infolge der geringen Leistung der beiden Reihen nicht erreicht werden. Daher wurde in das Verdieselungsprogramm der ÖBB für den Verschubdienst eine 600-PS-Ausführung aufgenommen und bei Simmering-Graz-Pauker AG (SGP) in Auftrag gegeben. Geliefert wurde ab 1959 eine dreiachsige Diesellok mit Stangenantrieb. Im Jahr 1959 lieferte SGP auf eigene Kosten eine Prototyplok mit einer Leistung von 442 kW (600 PS). In der langen Lieferzeit von 18 Jahren entstanden insgesamt vier Lieferserien mit zahlreichen Unterschieden in den technischen Details. Die Ablieferung der Reihe 2070 sorgte für ein vermehrtes Ausscheiden der Reihe 2067 aus dem Bestand. Die ÖBB veräußerten mangels Bedarfs eine Vielzahl ihrer Maschinen, die bei ihren neuen Eigentümern teils kommerziell verwendet werden. Austrovapor hat die 2067.004, 009, 090 und 096 übernommen, RTS setzt die 2067.017, 023 und 091 im Werksverschub ein, die 2067.12 gehört dem ÖCD, der Verein Neue Landesbahn hat die 2067.070 und 100 erworben, zur ÖGEG gelangten die 2067.006, 014, 028 und 102.

TECHNISCHE DATEN

Hersteller: SGP Floridsdorf, Wien
Lieferung/Indienststellung: 1959 – 1977
Spurweite: 1.435 mm
Achsfolge: C
Länge über Puffer: 10.484 mm
Gewicht: 49,5 t
Achslast: 16,5 t
Höchstgeschwindigkeit: 65 km/h
Leistung: 442 kW
Verwendung/Einsatzgebiet: Verschubarbeiten
Außerdienststellung: –

Lok 3 befindet sich 6. Juni 2014 mit dem Salonwagen 7 und einem Vorstellwagen auf der Wendeanlage in Seespitz.

Achenseebahn

Dampflokomotiven 1 bis 4

TECHNISCHE DATEN
Hersteller: Wiener Lokomotivfabrik
Lieferung/Indienststellung: 1889
Spurweite: 1.000 mm
Achsfolge: B n2zt
Länge über Puffer: 5.650 mm
Gewicht: 18,26 t
Achslast: 9,13 t
Höchstgeschwindigkeit: 10/20* km/h
Verwendung/Einsatzgebiet: Jenbach – Pertisau
Außerdienststellung: –
*Adhäsionsbetrieb Eben – Pertisau (Achensee)

Es sind die ältesten Fahrbetriebsmittel, die heute in Österreich noch regelmäßig im Einsatz stehen. Die Eröffnung der Achenseebahn geht auf das Jahr 1889 zurück. Die Zahnraddampflokomotiven wurden von der Wiener Lokomotivfabrik Floridsdorf unter den Fabriknummern 701 bis 704 gebaut und kommen auf der knapp sieben Kilometer langen Strecke sowohl im Adhäsions- als auch im Zahnradbetrieb zum Einsatz. Der Abschnitt Jenbach – Eben ist mit dem Zahnstangensystem Riggenbach ausgestattet, die Loks weisen deshalb eine Kesselneigung von 60 ‰ auf und sind in diesem Bereich immer auf der Talseite des Zuges gereiht. Der Antrieb erfolgt über das Zweizylinder-Zwillingstriebwerk, welches über eine schnelllaufende Vorgelegewelle mit einer Untersetzung von 1 : 3 von der Blindwelle auf das Triebzahnrad wirkt. Die zierlichen Dampfer verfügen über eine Riggenbach-Gegendruckbremse und eine Rillenhandbremse, die auf die Kurbelscheibe der Dampfmaschine wirkt, sowie eine davon unabhängige Rillenklotzbremse auf ein zusätzliches Bremszahnrad, das lose auf der vorderen Radachse sitzt. Die Achenseebahn wurde nach Turbulenzen vom Land Tirol übernommen; der geplante Umbau von zwei Lokomotiven auf Ölhauptfeuerung wurde zwischenzeitlich verworfen. Die Lok 2 steht unter Denkmalschutz.

Die Verschublok D1 der Achenseebahn in der Remise in Jenbach (6. Juni 2014).

Achenseebahn

D1

Die Achenseebahn war bis zum Kauf dieser Diesellok 106 Jahre lang ausschließlich mit Dampfkraft betrieben worden. Sämtliche Verschubarbeiten im Betriebsbahnhof Jenbach, in der Regel die Bereitstellung der Vorstellwagen, wurden mit Dampflokomotiven durchgeführt. Im Jahre 1995 ergab sich für die Achenseebahn die Möglichkeit, von der ostfriesischen Inselbahn Langeoog deren Schöma-Diesellok mit der Betriebsnummer 3 zu erwerben. Die Inselbahn hat zu diesem Zeitpunkt gleich mehrere Fahrzeuge erworben und existierendes Altmaterial an Interessierte verkauft. Es handelt sich um eine zweiachsige Lokomotive, deren Radsätze in einem Außenrahmen gelagert sind. Auf beiden Pufferbrüsten befindet sich jeweils ein großer Pufferteller. Der Lokaufbau besteht aus einem geräumigen, geschlossenen Führerhaus und dem halbhohen Motoraufbau. Im Motoraufbau befindet sich ein 59 kW starker Deutz-Dieselmotor der Type F4L514 mit dieselhydraulischer Kraftübertragung. Die Lok kann nur auf Adhäsionsstrecken eingesetzt werden.

TECHNISCHE DATEN

Hersteller: Schöma
Lieferung: 1949
Indienststellung Achenseebahn: Juli 1995
Spurweite: 1.000 mm
Achsfolge: B dh
Länge über Puffer: 5.000 mm
Gewicht: 7,5 t
Achslast: 3,75 t
Höchstgeschwindigkeit: 20 km/h
Leistung: 59 kW
Verwendung/Einsatzgebiet: Verschublok
Außerdienststellung: –

Die Cargoserv 182.582 hat am 26. April 2013 mit ihrem Holzzug das Fahrtziel Lenzing erreicht.

CargoServ

182.580 bis 182.582

TECHNISCHE DATEN
Hersteller: Siemens
Lieferung: 2003
Indienststellung CargoServ: 2003 und 2005
Spurweite: 1.435 mm
Achsfolge: Bo' Bo'
Länge über Puffer: 19.280 mm
Gewicht: 86 t
Achslast: 21,5 t
Höchstgeschwindigkeit: 230 km/h
Leistung: 6.400 kW
Stromsystem: 15 kV/16,7 Hz und 25 kV/50 Hz Wechselstrom
Verwendung/Einsatzgebiet: Rohstofftransporte in Oberösterreich
Außerdienststellung: –

CargoServ ist die Kurzbezeichnung für die Cargo Service GmbH, eine 100-%-Tochter der Logistik Service GmbH (LogServ) des Linzer Stahlkonzerns VOEST-ALPINE. Die VOEST betreibt in Linz ein großes Werksbahnnetz, das von der LogServ betrieben wird. Als in Österreich der Güterverkehr im Jahr 2001 liberalisiert wurde, übernahm LogServ die Materialtransporte aus Eisenerz und Steyrling von den ÖBB und betrieb diese in Eigenregie. Einige Jahre später änderte sich der Außenauftritt auf das EVU CargoServ mit einem jährlichen Transportvolumen von ca. 6 Mio. Tonnen an Rohstoffen und Fertigprodukten. Für die Bespannung der Erzzüge und der Kalkzüge wurden bei Siemens-Dispolok bzw. MRCE drei Exemplare des Typs ES 64 U2 langfristig angemietet. Die als 182.580 bis 582 bezeichneten Elektroloks lösten die drei bisher eingesetzten Dieselloks der Reihe V 1504 ab und wurden für die Verschubabwicklung im Kalkwerk Steyrling mit einer Funkfernsteuerung ausgerüstet. Sie sind in den Unternehmensfarben von CargoServ gehalten, deren Grundfarbe sich am Zitronengelb von Dispolok orientiert. Die Grundfarbe wird durch diverse Zierlinien in weißer und blauer Farbgebung sowie die graue Kontrastfläche durchbrochen. Die 182.580 und 581 sind seit 2003 bei CargoServ, die 182.582 seit Oktober 2005. Alle drei Loks sind mit ETCS ausgestattet.

1216.931 und 1216.933 der CargoServ befinden sich am 4. Juni 2015 mit dem Blechrollenzug 47212 bei Pöndorf auf der Rückfahrt nach Linz.

CargoServ

1216.930 bis 1216.933

Mit der Fertigung der Reihe 1216 für die ÖBB ergab sich für die Logistik Service GmbH die Chance, bei Siemens zwei fabrikneue Lokomotiven dieses Typs als A-LOGS 91 81 1216.930 und 931 zu erwerben. Bestellung und Lieferung erfolgten 2008. Beide entsprachen technisch den Lokomotiven, die die Vogtlandbahn für die ALEX-Züge beschaffte und sind deshalb nur für Deutschland und Österreich zugelassen. Die Ausweitung der eigenen Verkehre, u. a. der Blechrollenzug nach Italien, erforderte die Anschaffung weiterer Maschinen. Am 29. Juni 2011 erwarb LogServ die von Siemens als Vorratslok gebaute 183 702, beschriftet als A-LOGS 91 81 1216.932-4. Die zunächst als A-LOGS 91 81 1216.933-2 geführte Lok war ebenfalls auf Vorrat gebaut worden (183 701) und wurde am 28. August 2012 erworben. Zum 1. Juni 2013 gab es eine Änderung bei den Eigentumsverhältnissen der vier Maschinen, seither gehören sie der Cargo Service GmbH. Die Halterkennung änderte sich auf A-CARGO. Die Lokomotiven sind in den Unternehmensfarben lackiert: Als Grundfarbton wurde das Zitronengelb von Dispolok entlehnt, durchbrochen von der grauen Kontrastfläche sowie weißen und blauen Zierlinien (analog zu den Funkfernsteuerloks 182.580 bis.582).

TECHNISCHE DATEN

Hersteller: Siemens
Lieferung/Indienststellung: 2008, 2011, 2012
Spurweite: 1.435 mm
Achsfolge: Bo' Bo'
Länge über Puffer: 19.580 mm
Gewicht: 87 t
Achslast: 21,75 t
Höchstgeschwindigkeit: 230 km/h
Leistung: 6.400 kW
Stromsystem: 15 kV/16,7 Hz und 25 kV/50 Hz Wechselstrom; 3.000 V Gleichstrom
Verwendung/Einsatzgebiet: Nationaler und internationaler Güterverkehr
Außerdienststellung: –

CargoServ

1193.890

TECHNISCHE DATEN

Hersteller: Siemens
Lieferung/Indienststellung: 2014
Indienststellung 193 250 (ELL): 2017
Spurweite: 1.435 mm
Achsfolge: Bo' Bo'
Länge über Puffer: 18.980 mm
Gewicht: 86 t
Achslast: 21,5 t
Höchstgeschwindigkeit: 160 km/h
Leistung: 6.400 kW
Stromsystem: 15 kV/16,7 Hz und 25 kV/50 Hz Wechselstrom
Verwendung/Einsatzgebiet: Nationaler und internationaler Güterverkehr
Außerdienststellung: –

CargoServ zählte in Österreich zu den ersten Käufern des neuen Siemens-Typs Vectron. Die Bestellung der Lok erfolgte im Jahr 2013, die Inbetriebnahme durch CargoServ erfolgte am 2. März 2014 als A-CARGO 91 81 1193.890-1 (Fabriknummer 21919/13). Es handelt sich um einen Vectron AC, der neben den nationalen Zugsicherungssystemen auch mit dem europäischen Zugsicherungssystem ETCS ausgestattet ist. Der Kauf geschah im Zusammenhang mit einer Verkehrsausweitung des Unternehmens – dem Transport von Flachstahlprodukten für die deutsche Automobilindustrie zwischen Linz und Ingolstadt. Dreimal pro Woche wurden Stahlcoils zu Audi transportiert, zurück nach Linz waren es Schrottpakete. Darüber hinaus fand das Einzelstück auch vor den schweren Erzzügen Verwendung, besonders wenn diese über die Pyhrnbahn umgeleitet wurden. Die Lok präsentiert sich in den Unternehmensfarben, allerdings erfuhr die Fahrzeugfront gegenüber den anderen Elektroloks von CargoServ leichte designgemäße Modifikationen. Wird sie nicht für Eigenverkehre benötigt, ist sie an andere Eisenbahnverkehrsunternehmen in Österreich vermietet. Mit der 193.250 von ELL befindet sich seit 2017 in blau/weißer Lackierung und dem Schriftzug „voestalpine" ein zweiter Vectron beim Unternehmen.

Das Einzelstück 1193.890 im Erzzugeinsatz (Umleitungszug 61011) bei Admont.

Die 1504.01 von CargoServ beförderte am 6. Juli 2015 bei Asten-St. Florian Schwenkdachwagen von Enns nach Linz.

CargoServ

V 1504.01 bis 03

Der Werksbahnbetrieb der Voestalpine nützte wie auch die Wiener Lokalbahnen die Occasion, möglichst kostengünstig gebrauchte und aufgearbeitete Diesellokomotiven für Neuverkehre auf dem Netz der ÖBB zu erwerben. Während die Wiener Lokalbahnen ihre drei Lokomotiven (V 90 bis 92) für den Abraumverkehr benötigen, wurden die drei an LogServ verkauften Exemplare für den Kalktransport zwischen Linz und Steyrling eingesetzt, die zuvor von den ÖBB erbracht wurden. Für die Züge wurden planmäßig zwei Loks benötigt. Die drei ehemaligen Reichsbahn-V 100 wurden vor dem Kauf bei Bombardier einer Generalsanierung unterzogen. Bei diesen Arbeiten wurden sie komplett zerlegt, die Radsätze überholt, Radsatz- und Strömungsgetriebe erneuert, ein neuer Dieselmotor CAT 3512 eingebaut, die Druckluftanlage ersetzt und die Fahrpulte mit den Gerätetafeln erneuert. Zusätzlich erfuhren die Führerstände spezielle Lärmschutzmaßnahmen und sind seither klimatisiert. Als Novum ist die eingebaute Funkfernsteuerung zu erwähnen. Bis zu ihrer Ablieferung im Mai und Juli 2001 waren die beiden Adtranz-Leihloks „Grashopper" und „Weiser Beer" in Tandemtraktion vor den Kalkzügen auf der Pyhrnbahn eingesetzt.

TECHNISCHE DATEN

Hersteller:
LEW, Bombardier (Adtranz)
Indienststellung bei CargoServ:
2001 (nach Umbau)
Spurweite: 1.435 mm
Achsfolge: B' B'
Länge über Puffer: 14.360 mm
Gewicht: 72 t
Achslast: 18 t
Höchstgeschwindigkeit:
80 km/h
Leistung: 1.060 kW
Verwendung/Einsatzgebiet:
Lokale Güterzugleistungen
Außerdienststellung: –

Am 11. April 2022 wurden die 1216.940 von DBP und die DB-193 361 mit dem Stante-Zug 40593 auf der Fahrt von Breclav nach Italien bei Helmahof fotografiert.

DPB GmbH

1216.940

TECHNISCHE DATEN

Hersteller: Siemens
Lieferung/Indienststellung: 2008
Spurweite: 1.435 mm
Achsfolge: Bo'Bo'
Länge über Puffer: 19.580 mm
Gewicht: 87 t
Achslast: 21,75 t
Höchstgeschwindigkeit: 230 km/h
Leistung: 6.000 kW
Stromsystem: 15 kV/16,7 Hz und 25 kV/50 Hz Wechselstrom; Gleichstromteil stillgelegt
Verwendung/Einsatzgebiet: Traktionsleistungen vor Güterzügen
Außerdienststellung: –

Die Öffnung der Märkte im Schienenverkehr, insbesondere der freie Netzzugang, hat das Bild auf den heimischen Schienen nachhaltig verändert. Während die Platzhirsche um ihr Geschäft fürchteten, haben kleine EVU ihre Chance gesehen, so auch die SLB. Das Unternehmen ergriff im Jahr 2008 die Chance, eine von der Firma Siemens auf Vorratsbasis gefertigte Lokomotive des Typs EuroSprinter ES 64 U4-C zu erwerben, die als 1216.940 geführt wurde. Die vierachsige Universallokomotive besitzt zwei Endführerstände und ist nur in Österreich, Deutschland und Ungarn zugelassen. Der installierte Gleichstromteil bleibt ungenützt. Die Lok wurde am 9. Dezember 2008 in der bekannten rubinfarbenen Lackierung der SLB abgeliefert (Übergabe am 11. Dezember 2008) und erfuhr einige Jahre später, nachdem die SLB in die Salzburg AG eingegliedert wurde, eine Designänderung mit neuen Logos. Bei der SLB trug die 1216.940 die interne Nummer E 91. Sie wurde primär im lokalen Güterverkehr (Kaindl-Verkehre) eingesetzt, aber auch an die CargoServ vermietet. Der Rückzug aus dem lokalen Güterverkehr führte zum Verkauf der Lok per 10. Juni 2021 an das Kärntner Unternehmen DBP GmbH. Sie trägt nun die TSI-Nummer A-DBP 91 81 1216.940-7 und findet Verwendung in der Baustellenlogistik bzw. im internationalen Güterverkehr.

Die GKB-671 wird gerne bei Sonderzügen am 1. Mai eingesetzt, so auch 2018. In Lieboch wartet sie auf die Rückfahrt.

Graz-Köflacher Bahn (GKB)

Dampflokomotive 671

Hinter der heute noch betriebsfähigen Dampflok 671 versteckt sich ein besonderes technisches Kulturgut. Die Lok steht seit dem 14. Januar 2002 unter Denkmalschutz. Die 671 gehört der Südbahn-Serie 29 an. Zwischen 1860 und 1872 wurden insgesamt 205 dieser Güterzuglokomotiven in Dienst gestellt. Mit der Verstaatlichung der Südbahn gelangten 47 Maschinen zur BBÖ (Reihe 49), weitere kamen zu den Bahnverwaltungen MÁV, JDZ und FS. Die GKB übernahm damals 13 Lokomotiven, weitere fünf folgten später von den BBÖ. Die Deutsche Reichsbahn übernahm 1938 sechs Exemplare der BBÖ als 53.7111 bis 7116; eine davon, die 153.7114, schaffte es 1953 noch ins neue ÖBB-Schema. Die GKB-Maschinen blieben noch gute zehn Jahre länger im Dienst. Die Lokomotiven weisen einen langgezogenen Kessel sowie ein überdachtes Führerhaus auf und sind mit einem dreiachsigen Kohletender gekuppelt. Sie wurden im Laufe ihrer Dienstzeit adaptiert und den technischen Erfordernissen angepasst. Das lange Leben der 671 ist unter anderem einer Bausteinaktion der Steirischen Eisenbahnfreunde (StEF) zu verdanken, die die Lok seither betreuen und auch für Sonderfahrten auf dem Netz der GKB einsetzen.

TECHNISCHE DATEN

Hersteller: StEG
Lieferung/Indienststellung: 1860
Spurweite: 1.435 mm
Achsfolge: C n2
Länge über Puffer: 14.246 mm
Gewicht: 65,6 t
Achslast: max. 13,0 t
Höchstgeschwindigkeit: 45 km/h
Verwendung/Einsatzgebiet: Nostalgieverkehr
Außerdienststellung: –

Am 28. September 2005 trafen sich im Bahnhof Köflach beide V 100 der GKB: Links die rote V 1100.2, rechts die grüne V 1100.1.

Graz-Köflacher Bahn (GKB)

V 1100

TECHNISCHE DATEN

- Hersteller: Henschel
- Lieferung: 1961, 1962
- Indienststellung GKB: 1993
- Spurweite: 1.435 mm
- Achsfolge: B' B' dh
- Länge über Puffer: 12.100 mm
- Gewicht: 66 t
- Achslast: 16,5 t
- Höchstgeschwindigkeit: 60 bzw. 100 km/h
- Leistung: 809 kW
- Verwendung/Einsatzgebiet: Personen- und Güterverkehr
- Außerdienststellung: –

Die Deutsche Bundesbahn beschaffte in den 1960er-Jahren eine größere Anzahl von dieselhydraulischen Mittelführerstandslokomotiven der Baureihe V 100 (ab 1968 Baureihen 211 und 212). Gegen Ende der 1980er- bzw. Anfang der 1990er-Jahre schied der Großteil der V 100 aus dem DB-Bestand und wurde an Lokomotivhändler verkauft. Diese Maschinen wurden aufgearbeitet, neu motorisiert und interessierten Bahnverwaltungen angeboten. Auf diese Weise gelangten 34 Exemplare als Reihe 2048 zu den ÖBB, weitere V 100 zu Werkbahnen und zwei im Jahr 1993 zur Graz-Köflacher Bahn, die sie als DH 1100.1 und 2 bezeichnete. Beide waren zeitweise mit einer Werbelackierung versehen: Die 1100.1 warb bis vor wenigen Jahren in grüner Farbgebung für die Firma Leitinger und ist nun rot lackiert, an der roten 1100.2 sind noch die Anschriften für das Tondach aus Gleinstätten angebracht. Gegenwärtig sind sie nur im (nächtlichen) Güterverkehr anzutreffen. Mit ihrer Österreich-Zulassung können sie auch auf dem ÖBB-Netz eingesetzt werden, wofür zur GKB-Nummer zunächst die UIC-Nummern 98 45 0011 001-5 bzw. 98 45 2011 001-1 und 98 45 2011 002-9 angeschrieben waren. Mittlerweile wurden diese TSI-konform auf 92 81 2011 001-2 (ex DB 211 170-6) und 92 81 2011 002-0 (ex DB 211 182-1) umgeschrieben.

Die V 1500.5 der GKB beförderte am 13. August 2011 bei Straßgang den Verschubgüterzug 71382.

Graz-Köflacher Bahn (GKB)

V 1500

Die Jenbacher Werke lieferten im Jahr 1975 auf Basis der Industrieloktype DH 1200 B' B' von Rheinstahl-Henschel als Lizenzbau zunächst vier Mittelführerstands-Drehgestelllokomotiven an die GKB. Ende 1977 folgte eine fünfte und 1978 eine sechste Lokomotive gleichen Bautyps, wobei sie in Abweichung vom Henschel-Typ ein 1500 PS starkes Motoraggregat erhielten. Diese Antriebsanlage ist mit jener der ÖBB-Reihe 2043 gleichzusetzen. 1997 wurde im Rahmen einer Remotorisierung ein aufgeladener Viertakt-Dieselmotor von MTU eingebaut. Die V 1500 sind als einmotorige Bauart mit hydrodynamischer Kraftübertragung und Antrieb auf alle Radsätze über einen durchgehenden Gelenkwellenstrang konstruiert. Die gesamte Antriebsanlage ist im vorderen, dem längeren Vorbau untergebracht, unter der hinteren Aufbauhaube befinden sich der Kraftstoffbehälter und der Kühler. Die Lokomotiven konnten mangels Zugheizung im Personenverkehr nur gemeinsam mit einem Dieselgenerator-Heizwagen verwendet werden. Für den Wendezugbetrieb mit den neuen Doppelstockwagen wurden alle Loks 1991 nachträglich mit einer Mehrfachtraktionsausrüstung ausgestattet. 1992 gesellte sich als „Exot" die DH 1500.7 in den Bestand der GKB. Sie wurde als Standardlok der Type G 1205 BB bei MaK geordert, traf im Oktober 1992 in Graz ein und wurde 1993 in Dienst gestellt. Nach zehn Jahren gab die GKB sie am 20. Mai 2003 an Stern & Hafferl ab, wo sie die Bezeichnung V 20.012 erhielt.

TECHNISCHE DATEN

Hersteller: Jenbacher Werke, MaK*

Lieferung/Indienststellung: 1975 – 1978, 1992*

Spurweite: 1.435 mm

Achsfolge: B' B' dh

Länge über Puffer: 12.000 mm/12.800 mm*

Gewicht: 68 t/72 t*

Achslast: 17 t/18 t*

Höchstgeschwindigkeit: 100 km/h/90 km/h*

Leistung: 1102 kW/1117 kW*

Verwendung/Einsatzgebiet: Güterzüge und Wendezugeinsatz vor DOSTO

Außerdienststellung: –

* V 1500.7

Graz-Köflacher Bahn

V 1700

TECHNISCHE DATEN

- Hersteller: Vossloh
- Lieferung: 2002
- Indienststellung GKB*: 2013
- Spurweite: 1435 mm
- Achsfolge: B' B' dh
- Länge über Puffer: 15.200 mm
- Gewicht: 80 t
- Achslast: 20 t
- Höchstgeschwindigkeit: 100 km/h
- Leistung: 1700 kW
- Verwendung/Einsatzgebiet: Personen- und schwerer Güterverkehr
- Außerdienststellung: –

* DH 1700.2

Der Lokhersteller MaK bzw. die nachmalige Vossloh GmbH hat auf Basis der vielfach bewährten Type G 1206 BB eine konstruktive Weiterentwicklung der Angebotspalette betrieben und daraus die neue Type DH 1700 als wesentlich leistungsstärkere, dieselhydraulische Mittelführerstands-Drehgestelllokomotive abgeleitet. Die mit höherer Leistung versehene DH 1700 ist sowohl für den schweren Verschubdienst als auch für den Streckendienst mit schweren Güterzügen geeignet. Die GKB und ihre Tochterfirma LTE nahmen 2002 je eine DH 1700 in Betrieb. Die GKB-Lok erhielt die Betriebsnummer DH 1700.1 und wird seither im Güterzugdienst eingesetzt, anfänglich auch im Personenverkehr vor den Doppelstockwagen. Die nunmehr in den GKB-Farben befindliche Maschine erhielt die UIC-Nummer 92 81 2021 700-7 mit der Halterkennung A-GKB. Die blau-weiße 2170.001 der LTE wurde ab November 2012 an die GKB vermietet und im Januar 2013 an sie verkauft. Die als DH 1700.2 geführte Lok kommt im Baustellenverkehr für die im Bau befindliche Koralmbahn zum Einsatz und trägt ein weißes Fahrzeugdesign mit den Aufschriften der GKB, der Strabag und kat2. Beschriftet ist sie mit den TSI-Anschriften A-GKB 92 81 2170 001-9.

Die als DH 1700.2 beschriftete V 1700.2 der GKB trug am 15. Oktober 2013 noch das Farbkleid der LTE und befördert bei Hengsberg einen Bauzug für den Koralmtunnel.

Typenaufnahme des VT 10.01 am 15. Juni 2004 in Weizelsdorf, der in der Obhut der Nostalgiebahnen in Kärnten das GKB-Logo verlor.

Graz-Köflacher Bahn

VT 10.01 bis 09 und VT 50.01 bis 04

In Deutschland setzte bereits wenige Jahre nach dem Ende des Zweiten Weltkriegs ein Innovationsschub bei den Dieseltriebwagen für den Nahverkehr ein. Die Waggonfabrik Uerdingen entwickelte einen für damalige Verhältnisse sehr einfach gehaltenen Triebwagen, der neben 61 Sitzplätzen den Reisenden auch eine gute Aussicht auf die Landschaft bot. Die GKB nahm zwischen 1953 und 1968 insgesamt neun derartige Triebwagen in Betrieb und bezeichnete sie als VT 10.01 – 09. Das optisch sehr freundlich wirkende Erscheinungsbild trug den Triebwagen sehr schnell den Beinamen „Roter Blitz" ein. 1972 und 1975 folgten vier weitere Triebwagen von der Deutschen Bundesbahn, die dort als Baureihe 795 eingereiht waren und abweichend von den VT 10 der GKB nur eine angetriebene Achse aufwiesen. Mit der Indienststellung dieser Triebwagen wurden betagte VT 10 außer Dienst gestellt, wobei der Plandienst mit der Beschaffung der VT 70 ohnehin weitgehend endete. Die GKB setzten noch bis 2003 zwei Triebwagen planmäßig ein. Die VT 10.02, 03 und 09 sind bis heute als betriebsfähige Museumsfahrzeuge erhalten geblieben. Der VT 10.01 befindet sich seit 1993 bei den Nostalgiebahnen in Kärnten, die VT 10.05 und 08 beim BEM in Nördlingen. Die VT 50.02 und 03 wurden 1981 ausgemustert, die anderen beiden VT 50 im Jahr 1991.

TECHNISCHE DATEN

Hersteller:
Waggonfabrik Uerdingen
Lieferung/Indienststellung:
1953 – 1968*;
1951 – 1952/1972, 1975**
Spurweite: 1435 mm
Achsfolge: A A dm*/A 1
Länge über Puffer: 13.265 mm
Gewicht: 20,4 t
Achslast: 10,2 t
Höchstgeschwindigkeit:
90 km/h
Leistung: 2 x 110 kW*/110 kW
Verwendung/Einsatzgebiet:
Sonderfahrten
Außerdienststellung:
1991 (VT 50)
* VT 10
** VT 50.03 und 04

Der GKB-Triebwagen 5063 002 wurde am 7. Dezember 2017 als Regionalzug 4367 bei Pölfing-Brunn fotografiert.

Graz-Köflacher Bahn

Reihe 5063

TECHNISCHE DATEN
Hersteller: Stadler
Lieferung/Indienststellung: 2010 und 2011
Spurweite: 1.435 mm
Achsfolge: 2' 2' Bo' 2'
Länge über Puffer: 55.937 mm
Gewicht: 93 t
Achslast: 11,5 t
Höchstgeschwindigkeit: 140 km/h
Leistung: 2 x 382 kW
Verwendung/Einsatzgebiet: Regionalverkehr auf dem GKB-Netz
Außerdienststellung: –

Das Bundesland Steiermark begann 1998 mit den Planungen für ein flächendeckendes S-Bahn-Netz. Der Startschuss erfolgte am 9. Dezember 2007, die Wiesnerbahn (Graz – Lieboch – Wies-Eibiswald) und die Köflacherbahn (Graz – Lieboch – Köflach) zählten zu den ersten S-Bahn-Linien. Die GKB erteilte der Firma Stadler zur Modernisierung des Fuhrparks im Februar 2009 den Auftrag zur Lieferung von 13 dieselelektrischen Gelenktriebwagen des Typs GTW 2/8. Die Triebwagen wurden unter der Reihenbezeichnung 5063 in den Jahren 2010 und 2011 abgeliefert. Der verspäteten Indienststellung sind massive Probleme bei der Zulassung vorangegangen. Die erforderlichen Ersatzmaßnahmen beglückten insbesondere die Eisenbahnfreunde, da verschiedene Leihlokomotiven in der landschaftlich reizvollen Weststeiermark zum Einsatz kamen. Die Zulassung wurde 2012 erteilt, gleichzeitig erfolgte mit der Zulassung der Stadler-Triebwagen die Ablöse der aus den 1980er-Jahren stammenden Vorgänger-Type VT 70, die als Lizenzbau bei SGP entstanden sind. Der GTW 2/8 ist ein viergliedriges Fahrzeug mit 141 Sitzplätzen, das aus einem Antriebsmodul und drei Fahrgastzellen besteht. Die beiden Endwagen sind als Steuerwagen ausgebildet. Pro Triebwagen ist ein Mehrzweck-Abteil und ein behindertengerechtes WC vorhanden. Ein Triebwagen trägt die blaue S-Bahn-Lackierung. Sobald das Netz der GKB elektrifiziert ist, werden die Fahrzeuge ersetzt.

Die V 43.328 passierte am 27. Mai 2003 mit einem Regionalzug den Bahnhof Harka.

GySEV/Raaberbahn

Reihe 430

(ex V43.320, 321, 323 – 330, 332 – 335)

Die MÁV wandte sich nach ersten Versuchen bei der Auswahl eines geeigneten Stromsystems im Jahr 1960 dem westlichen Industriestandard der 50-Hz-Technologie zu und ließ eine Elektrolok nach aktuellen Baugrundsätzen entwerfen. Bei Ganz-VM bzw. Ganz-MÁVAG entstand die V43, die äußerlich unverkennbare Konstruktionskriterien aus Frankreich aufweist, sich aber im elektrischen Teil an der BLS-Type Re 4/4 mit den Loknummern 161 bis 180 orientiert. Da die GySEV ab 1985 ihre Strecke von Györ nach Sopron und weiter nach Ebenfurth mit Wechselstrom 25 kV/50 Hz elektrifizieren ließ, wurden in den Jahren 1987/88 zwölf Lokomotiven aus der letzten Lieferung an die MÁV entnommen. Die Übernahme weiterer vier V43 zwischen 1995 und 1998 betraf ältere MÁV-Maschinen, die teils unfallbedingt ausgemustert waren. Die österreichisch-ungarische GySEV/ROeEE wickelte seinerzeit mit diesen Industriefrequenz-Gleichrichter-Lokomotiven die Hauptlast des elektrischen Betriebes auf ihrem Netz ab, der Rückzug trat mit der Taurus-Beschaffung ein. 2006 erhielten die Lokomotiven eine UIC-Nummer, die mit 90 43.0430 320ff angeschrieben war und per 6. September 2011 auf H-START 91 43.0430 320 abgeändert wurde. Sie werden als Reihe 430 geführt.

TECHNISCHE DATEN

Hersteller: Ganz-MÁVAG
Lieferung/Indienststellung: 1987 – 1998
Spurweite: 1.435 mm
Achsfolge: B' B'
Länge über Puffer: 15.700 mm
Gewicht: 78 t
Achslast 19,5 t
Höchstgeschwindigkeit: 130 km/h
Leistung: 2.140 kW
Stromsystem: 25 kV/50 Hz Wechselstrom
Verwendung/Einsatzgebiet: Personen- und Güterverkehr
Außerdienststellung: –

Am 25. April 2015 warb die 470.504 bei der Durchfahrt in Silberwald für das 140-jährige Bestehen der Raaberbahn. Mittlerweile wurde das Design erneuert.

GySEV/Raaberbahn

Reihe 470.500 (ex 1047.501 – 505)

TECHNISCHE DATEN

- Hersteller: Siemens
- Lieferung/Indienststellung: 2002
- Spurweite: 1.435 mm
- Achsfolge: Bo' Bo'
- Länge über Puffer: 19.280 mm
- Gewicht: 86 t
- Achslast: 21,5 t
- Höchstgeschwindigkeit: 230 km/h
- Leistung: 6.400 kW
- Stromsystem: 15 kV/16,7 Hz und 25 kV/50 Hz Wechselstrom
- Verwendung/Einsatzgebiet: Universallok; Einsätze in Österreich und Ungarn
- Außerdienststellung: –

Die Beschaffung der Taurus-Familie bei den ÖBB von 1999 bis 2006 in drei technisch unterschiedlichen Ausführungen war im Jahr 2001 der Auslöser für eine Anschlussbestellung der GySEV über fünf Lokomotiven. Sie entsprechen der ÖBB-Reihe 1116, die mit den installierten Sicherungssystemen (PZB 90 und EVM 120) in den Ländern Deutschland, Österreich und Ungarn einsetzbar sind. Die fünf Maschinen wurden zwischen April und November 2002 in einer auffälligen grün/gelben Lackierung abgeliefert und als 1047.501 – 505 beschriftet. Im Oktober 2011 änderte sich die Reihenbezeichnung auf 470. Die Loks waren zunächst in fixe ÖBB-Umläufe eingebunden, womit die fünf „Quaxis“ sowohl im Schnellzugsdienst als auch vor (eigenen) Güterzügen auf der Süd- und Westbahn zu sehen waren. Derzeit werden die fünf Maschinen für eigene Züge benötigt. Nur die 470.502 ist noch im Ursprungsdesign lackiert, die anderen vier erhielten aus verschiedenen Anlässen ein Sonderdesign, wofür das Unternehmen Loc & More maßgeblich verantwortlich war. Die 470.501 ist seit 9. Dezember 2011 im Design „175 Jahre Kaiserin Sisi von Österreich und Königin von Ungarn“ gehalten. Die 1047.503 trägt seit dem 17. Juli 2013 Folien zum Thema „200 Jahre Richard Wagner“. Die 1047.504 ist seit Mai 2022 mit der Eigenwerbung „150 Jahre Raaberbahn/GySEV“ foliert. Die 1047.505 errinert seit dem 22. September 2020 an die „Civitas fidelissima“ (Die treueste Stadt – 100-Jahr-Jubiläum der Volksabstimmung über die Zugehörigkeit von Sopron).

Die 471.500 trifft am 23. Mai 2017 in Sopron auf die von ELL gemietete 193 246.

GySEV/Raaberbahn

471.001 bis 006 und 471.500 bis 502

Die ersten Vectron-Lokomotiven in Diensten der GySEV/ROeEE waren seit Februar 2016 von ELL gemietet (193 235, 245 und 246) und trugen die GySEV-Cargo-Werbebeklebung. Nach den positiven Erfahrungen mit dieser Siemens-Lokomotive orderte das österreichisch/ungarische Bahnunternehmen im März 2017 zunächst fünf eigene Lokomotiven sowie weitere vier aus der Option. Der Erstauftrag umfasste die drei Dreisystem-Lokomotiven 471.500 bis 502 mit den Stromsystemen 25 kV AC, 15 kV AC und 3 kV DC sowie die zwei Wechselstrom-Lokomotiven (15 und 25 kV) mit zusätzlichem Diesel-Hilfsmotor für Last-Mile-Verkehre mit den Betriebsnummern 471.005 und 006. Die vier Options-Lokomotiven sind Wechselstrom-Lokomotiven ohne Hilfsdiesel und tragen die Loknummern 471.001 bis 004. Alle Fahrzeuge sind mit ETCS-L2-Ausrüstung versehen. Die Lokomotiven sind in Deutschland, Österreich, Ungarn, Tschechien, Slowakei und Rumänien zugelassen, die 471.500 bis 502 zusätzlich in Polen, Kroatien und Slowenien. Die Raaberbahn hat die Vectrons einerseits als Ersatz für gemietete ÖBB-Tauri beschafft, andererseits werden sie im internationalen Güterverkehr, aber auch für Personenverkehrsleistungen auf den Strecken von Sopron und Szombathely nach Budapest verwendet. Als Neuzugänge sind die 193 837 (GySEV Cargo) und 595 (Raaberbahn Cargo) zu verzeichnen.

TECHNISCHE DATEN

Hersteller: Siemens
Lieferung/Indienststellung: 2017
Spurweite: 1.435 mm
Achsfolge: Bo' Bo'
Länge über Puffer: 18.980 mm
Gewicht: 90 t
Achslast: 22,5 t
Höchstgeschwindigkeit: 160 km/h
Leistung: 6.400 kW
Stromsystem: 15 kV/16,7 Hz und 25 kV/50 Hz Wechselstrom, 3.000 V Gleichstrom
Verwendung/Einsatzgebiet: Internationale Güterverkehre
Außerdienststellung: –

Die noch als M40.401 bezeichnete Diesellok mit einem langen Güterzug von Ebenfurth nach Sopron (1. Oktober 2002).

GySEV/Raaberbahn

408.401 und 402

(ex M40.401 und 402)

TECHNISCHE DATEN

Hersteller: Ganz-MÁVAG
Lieferung: 1968/1969
Indienststellung GySEV: 2001, 2004
Spurweite: 1.435 mm
Achsfolge: Bo' Bo' de
Länge über Puffer: 14.250 mm
Gewicht: 76 t
Achslast: 19 t
Höchstgeschwindigkeit: 100 km/h
Leistung: 740 kW
Verwendung/Einsatzgebiet: Fahrverschub
Außerdienststellung: –

Die Ungarischen Staatsbahnen (MÁV) trennten sich um die Jahrtausendwende von einem Teil ihres Streckennetzes in den westlichen Landesteilen und übergaben diese auf eigenen Wunsch an das österreichisch-ungarische Unternehmen GySEV/ROeEE ab. Davon betroffen war auch die Verbindung Sopron – Szombathely, die seit dem 4. Dezember 2001 in der Regie der GySEV steht und somit – nach erfolgter Elektrifizierung und Modernisierung – in direkter Konkurrenz zur österreichischen Semmeringbahn zu betrachten ist. Im Zuge dieser infrastrukturellen Änderungen sind auch zwei Mittelführerstands-Drehgestelllokomotiven mit dieselelektrischer Kraftübertragung der MÁV (M40.208 und M40.222) an die GySEV veräußert worden. Die M40.208 wurde in der eigenen Werkstätte in Sopron umgehend in das Raaberbahn-Design Grün/Gelb versetzt und in M40.401 umgezeichnet. Die Fertigstellung der M40.402 verzögerte sich bis zum Sommer 2004. Beide Loks sind in Sopron beheimatet und kommen seit der Österreich-Zulassung im Fahrverschub Sopron – Ebenfurth als Ersatz für ein M44-Tandem zum Einsatz. Die Fahrzeuge tragen die TSI-Anschriften H-GYSEV 92 43 0408 401-6 und 402-4.

Die noch im MÁV-Design befindliche M42.001 wartet am 20. August 2003 in Sopron vor einem Wagensatz auf weitere Verschubarbeiten.

GySEV/Raaberbahn

428.001 (ex M42.001)

Das Einzelstück M42.001 ist die letzte und zugleich jüngste Diesellok im Bestand der GySEV. Die Raaberbahn hat die Lok im Jahr 1994 von den MÁV übernommen. Es handelt sich dabei um ein Prototypfahrzeug. Die M42 lehnt sich in den Hauptabmessungen weitgehend an die Fahrzeugkonzeption der Reihe M40 an. Die Antriebsanlage besteht aus einem 640 kW starken Deutz-MWM-Dieselmotor mit dieselelektrischer Kraftübertragung. Die Lok war ursprünglich als Ersatzmodell für die in die Jahre gekommene und im Verschubdienst eingesetzte M44 vorgesehen, wozu es infolge der wirtschaftlichen und politischen Umwälzungen in Ungarn schließlich nicht mehr kam. Die M42.001 ist insofern als interessantes Einzelstück zu betrachten, da es sich bei ihr um die wohl letzte in Ungarn gebaute Lokomotive handelt. Mit der Umschreibung der Loktypen in das neue UIC-Schema findet sich das Einzelstück der M42.001 als Reihe 428 wieder und erhielt die Anschrift H-GYSEV 98 43 0428 001-4. Sie trug zunächst das Farbkleid der MÁV (rot/gelb) und wurde zu einem späteren Zeitpunkt in die Hausfarben der GySEV umlackiert. Sie findet heute Verwendung im Fahrverschub- und Güterzugverkehr.

TECHNISCHE DATEN

Hersteller: Ganz-Hunslet
Lieferung: 1994
Indienststellung GySEV: 2001
Spurweite: 1.435 mm
Achsfolge: Bo' Bo' de
Länge über Puffer: 14.640 mm
Gewicht: 67 t
Achslast: 16,75 t
Höchstgeschwindigkeit: 80 km/h
Leistung: 640 kW
Verwendung/Einsatzgebiet: Fahrverschub und Güterverkehr
Außerdienststellung: –

Am 20. Juli 2003 waren zahlreiche M44 der GySEV auf dem Werkstattgelände in Sopron abgestellt.

GySEV/Raaberbahn

448.301 bis 315

(ex M44.301 bis 315)

TECHNISCHE DATEN

Hersteller: Ganz-MÁVAG
Lieferung: 1957 – 1971
Indienststellung GySEV: 1963 – 2010
Spurweite: 1.435 mm
Achsfolge: Bo' Bo' de
Länge über Puffer: 11.240 mm
Gewicht: 61,8 t
Achslast: 15,45 t
Höchstgeschwindigkeit: 80 km/h
Leistung: 442 kW
Verwendung/Einsatzgebiet: Fahrverschub und Güterzüge
Außerdienststellung: –

Ganz-MÁVAG baute von 1956 bis 1984 eine Vielzahl an vierachsigen dieselelektrischen Drehgestell-Verschublokomotiven mit Endführerstand, die in großen Stückzahlen an die MÁV, die Industrie und in den Export gingen. Die GySEV übernahm 1963 zwei an die MÁV gelieferte M44 als M44.301 und 302, denen 1969 bis 1971 die fünf Neubauloks M44.303 – 307 folgten. Die M44.308 – 311 kamen 1989 als Tauschgeschäft für die fünf rumänischen Mittelführerstandsloks (M43.25/M47.15) nach Sopron. Die M44.312 und 313 wurden 1992 von einer Industriebahn erworben, denen am 18. September 1997 die Diesellok A 25.038 von der Firma Vaskok als M44.314 folgte. In den darauffolgenden Jahren wurden einzelne Erhaltungsmaßnahmen unternommen, unter anderem die zur Jahrtausendwende durchgeführten Remotorisierungen bei 13 Lokomotiven oder auch der nachträgliche Einbau einer Funkfernsteuerung sowie einer automatischen Rangierkupplung bei der M44.306 im Jahr 2006. Die letzte M44 gelangte mit Kauf vom 27. Dezember 2010 in den Fuhrpark der GySEV. Sie war zunächst bei einer Privatbahn im Einsatz und wurde von der Automobile Kft. erworben. Sie besitzt noch den originalen Ganz-Jendrassik-Motor. Mittlerweile wurden alle Lokomotiven mit den neuen TSI-Fahrzeuganschriften versehen und weisen die Nummern H-GYSEV 98 43 0448 301-4 bis 315-4 auf.

Bei der 648.001 der GySEV handelt es sich um die ehemalige 232 289 der DB AG (aufgenommen am 23. April 2019 in Sopron).

GySEV/Raaberbahn

Reihen 648 und 651

(„Ludmilla“)

Der Einsatz der russischen Großdiesellokomotiven mit dem Spitznamen „Taiga-Trommel“ endete mit dem Ausscheiden der Reihe M62.9 im Jahr 1996. Gut 15 Jahre später hielt eine andere markante Fahrzeugtype bei der Raaberbahn Einzug: „Ludmillas“ der Deutschen Bahn AG, die aber nur angemietet waren. Mitte April 2012 traf die 232 598 bei der GySEV ein. Sie erhielt die neue GySEV-Betriebsnummer 92 53 0651.004, Firmenlogos im weißen Kontraststreifen an der Fahrzeugfront sowie das gelb/grüne Firmensignet auf der linken unteren Seitenwandhälfte. Es folgten die 651.002 (ex DB 232 543), 651.003 (232 559) und 651.008 (232 682). Diese vier „Ludmillas“ waren von der Schenker Rail Romania von 2012 bis 2017 angemietet und kamen vor IC-Zügen zwischen Budapest und Szombathely auf dem nicht elektrifizierten Abschnitt ab Csorna zum Einsatz. Als 648.001 und 002 (232 289 und 232 536) gelangten 2019 zwei weitere „Ludmillas“ in den Bestand der GySEV Cargo, die im Juni 2018 von DB Cargo erworben wurden. Sie werden heute im Güterverkehr verwendet und tragen die Bezeichnungen H-GYSEV 92 55 0648 001-9 und 002-7.

TECHNISCHE DATEN

Hersteller: Lugansk
Lieferung: 1970 – 1982
Indienststellung GySEV: 2012 bzw. 2019
Spurweite: 1.435 mm
Achsfolge: Co' Co'
Länge über Puffer: 20.820 mm
Gewicht: 122,4 t
Achslast: 20,4 t
Höchstgeschwindigkeit: 120 km/h
Leistung: 2.230 kW
Verwendung/Einsatzgebiet: Güterverkehr
Außerdienststellung: –

Im Bahnhof Sopron stehen zwei Triebwagen der Flirt-Familie, im Vordergrund der 415.509.

GySEV/Raaberbahn

415.500 bis 509

TECHNISCHE DATEN
Hersteller: Stadler AG
Lieferung/Indienststellung: 2013/2014
Spurweite: 1.435 mm
Achsfolge: Bo' 2' 2' 2' Bo'
Länge über Puffer: 74.278 mm
Gewicht: 125 t (leer) 136,9 t (besetzt)
Achslast: 12,5 t/13,7 t
Höchstgeschwindigkeit: 160 km/h
Leistung: 2.600 kW
Stromsystem: 25 kV/50 Hz Wechselstrom
Verwendung/Einsatzgebiet: Nahverkehr
Außerdienststellung: –

Die Beschaffung der zehn Stadler-Triebwagen des Typs Flirt geht auf eine gemeinsame Beschaffung der Ungarischen Staatsbahn MÁV und der GySEV zurück. Die Bestellung erfolgte im Oktober 2012, die Auslieferung zwischen Oktober 2013 und Herbst 2014. Die Wagenkästen wurden im Stadler-Werk in Szolnok gefertigt, die Komplettierung erfolgte im Werk Siedlce in Polen. Bei den Flirts der GySEV handelt es sich um vierteilige Niederflur-Triebwagen in Aluminium-Leichtbauweise, die unter 25 kV/50 Hz Wechselstrom einsetzbar sind und noch der ersten Bauform angehören. Die Einphasen-Niederflur-Triebwagen weisen eine Leistung von 2.600 kW auf und sind für 160 km/h Höchstgeschwindigkeit ausgelegt. Sie verfügen über 211 Sitzplätze (davon elf Klappsitze) und 164 Stehplätze. Am 18. Dezember 2013 fand die Präsentation des 415.500 in Österreich statt. Die Triebwagen werden seit dem Fahrplanjahr 2014 wegen der EU-Kofinanzierung ausschließlich auf der seit 2011 elektrifizierten Strecke Sopron – Szombathely – Szentgotthard in Ungarn eingesetzt. In Ungarn haben die Triebwagen den Spitznamen „Sport szelet" in Anlehnung an die Verpackung eines Schokoriegels bekommen. Eine Garnitur besteht aus den Fahrzeugelementen BVpmot 94 55 1415 500, Bpx 94 55 3415 500, BDpx 94 55 4415 500 und BVpmot 94 55 2415 500.

Der GySEV-Triebwagen 435.504 (Stadler-Typ Flirt 3) erreichte am 20. Juni 2020 als Zug 9175 den Bahnhof Szombathely.

GySEV/Raaberbahn

435.501 bis 510

Die positiven Erfahrungen mit den ersten Triebwagen des Stadler-Typs Flirt führten im Jahr 2016 zu einer Folgebeschaffung von zehn weiteren vierteiligen Flirt-Niederflurfahrzeugen für den Regionalverkehr in Westungarn (Sopron – Szombathely – Szentgotthard, Sopron – Györ und Szombathely – Rajka). Die Auslieferung begann Ende 2018. Die zweite Serie entspricht dem Typ Flirt 3 unter Berücksichtigung der aktuellen TSI-Normen sowie der Crash-Norm EN 15227. Der Flirt 3 ist 2,8 m länger als die Baureihe 415 und bietet somit auch Platz für den Einbau einer zweiten Toilette, die nach TSI-PRM den Anforderungen mobilitätseingeschränkter Personen entspricht. Die vierteiligen Triebwagen sind mit 208 Sitzplätzen ausgestattet, 14 davon sind als Klappsitze ausgeführt. Die Fahrzeuge mit der erhöhten Seitenbeschleunigung von 1,2 m/s^2 verfügen im Einstiegsbereich über Multifunktionsbereiche für Rollstühle, Fahrräder oder Kinderwagen. Als Neuerungen sind die Integrierung eines Kamerasystems, WLAN und Steckdosen zum Aufladen elektrischer Geräte zu nennen. Der Bau der Wagenkästen erfolgte in Szolnok, die Endmontage in Polen im Werk Siedlce. Eine Garnitur besteht aus den Fahrzeugelementen BVpmot 94 55 1435 501, Bpx 94 55 3435 501, BDpx 94 55 4435 501 und BVpmot 94 55 2435 501.

TECHNISCHE DATEN

- Hersteller: Stadler AG
- Lieferung/Indienststellung: 2018/2019
- Spurweite: 1.435 mm
- Achsfolge: Bo' 2' 2' 2' Bo'
- Länge über Puffer: 77.100 mm
- Gewicht: 135 t (leer) 146,5 t (besetzt)
- Achslast: 13,5 t/14,7 t
- Höchstgeschwindigkeit: 160 km/h
- Leistung: 2.600 kW
- Stromsystem: 25 kV/50 Hz Wechselstrom
- Verwendung/Einsatzgebiet: Nahverkehr
- Außerdienststellung: –

Die beiden GySEV-Triebwagen 4744.301 und 4744.302 am 29. Juli 2016 anlässlich einer Probefahrt im Bahnhof Viehofen.

GySEV/Raaberbahn

Reihe 4744.300 (Desiro ML)

TECHNISCHE DATEN

Hersteller: Siemens
Lieferung/Indienststellung: 2016/2017, 2021, 2022
Spurweite: 1.435 mm
Achsfolge: Bo' Bo' + 2' 2' + Bo' Bo'
Länge über Puffer: 75.152 mm
Gewicht: 145,4 t (leer) 182,8 t (vollbesetzt)
Achslast: 12,2 t/13,2 t
Höchstgeschwindigkeit: 160 km/h
Leistung: 2.600 kW
Stromsystem: 15 kV/16,7 Hz und 25 kV/50 Hz Wechselstrom
Verwendung/Einsatzgebiet: Nahverkehr
Außerdienststellung –

Zum Zeitpunkt dieser Flottenbeschaffung befanden sich die Flirt-Triebwagen der Reihe 415 in Auslieferung. Da diese Triebwagen infolge der EU-Kofinanzierung nur im strukturschwachen Westungarn eingesetzt werden dürfen, fehlten der GySEV noch geeignete Fahrzeuge für den österreichischen Streckenteil. Die ÖBB hatten zu dieser Zeit einen Auftrag über 100 Züge des Typs Desiro ML an Siemens erteilt. Auf Basis dieses Auftrags orderte die Raaberbahn bei Siemens fünf Zweifrequenztriebwagen, die ohne öffentliche Ausschreibung als Anschlussbestellung an den ÖBB-Auftrag vergeben wurden. Der Bau dieser Triebwagen erfolgte bei Siemens in Krefeld als sog. Regionalbahnvariante mit vier Seitentüren und 259 Sitzplätzen. Am 19. Dezember 2019 wurden drei weitere Triebwagen bei Siemens bestellt, die bereits mit ETCS Level 2 ausgestattet und für eine spätere Nachrüstung mit Akkumulatoren auf dem Dach geeignet sind und nur über 224 Sitzplätze verfügen. Am 9. November 2020 erfolgte eine weitere Anschlussbestellung über fünf Fahrzeuge, die ab Mai 2022 als Reihe 4746.300 abgeliefert werden. Die GySEV-Fahrzeuge tragen den Beinamen „Ventus". Sie werden im Kooperationsverkehr mit den ÖBB eingesetzt und fahren auf den Strecken Deutschkreutz – Wien – Pamhagen/-Bratislava-Petržalka, am Wochenende Wien – Mürzzuschlag. Die Wartung der Flotte erfolgt im ÖBB-TS-Werk Jedlersdorf.

Der GySEV-Dieseltriebwagen 247.509 (vormals 5047.068 der ÖBB) verlässt am 22. Juli 2015 als REX 7750 den Bahnhof Deutschkreutz.

GySEV/Raaberbahn

5047.501 und 502
247.503 bis 509 (ex ÖBB-5047)

Die ÖBB haben von 1987 bis 1995 auf Basis der DB-Baureihe 627 bei den Jenbacher Werken 100 Solo-Triebwagen der Reihe 5047 beschafft. Der großartige Erfolg und der damit verbundene Innovations- und Modernisierungsschub auf vielen Nebenbahnstrecken in Österreich wirkte sich positiv auf die Fahrgastzahlen aus. Als Anschlussbestellung des ÖBB-Auftrags orderte die Raaberbahn zwei fast identische Solo-Triebwagen, die 1995/96 als 5047.501 und 502 geliefert wurden. Die Unterschiede zum ÖBB-Pendant betreffen die beleuchteten Zugzielanzeigen über den Frontfenstern, den Entfall des Depotkämmerchens im Einstiegsbereich der Fahrzeugseite 1, den Entfall des hydrodynamischen Bremswandlers und den Anstrich in den GySEV-Farben Verkehrsgelb, Grasgrün und Silbergrau. Die Sitzplatzanzahl blieb unverändert und verteilte sich zunächst auf 39 Nichtraucher- und 23 Raucherplätze in zwei Fahrgastabteilen sowie eine Klappbank im Einstiegsbereich. Mit der Einführung des neuen, zwölfstelligen UIC-Nummernschemas änderte sich die Reihenbezeichnung auf 247. Die ab 2011 von den ÖBB gekauften sieben Triebwagen 5047.008, 020, 031, 044, 062, 068 und 100 wurden von der GySEV in 247.503 bis 509 umgezeichnet. Die ehemaligen ÖBB-Triebwagen wurden in ihrer ursprünglichen Konzeption belassen, erhielten die Anschriften und Logos des neuen Eigentümers und wurden dann sukzessive zur Neulackierung in die Hauptwerkstätte Szombathely einberufen. Die GySEV-Triebwagen verkehren im ungarischen Streckennetz der GySEV und grenzüberschreitend zwischen Wiener Neustadt und Sopron (Mattersburgerbahn).

TECHNISCHE DATEN

Hersteller: Jenbacher Werke Jenbacher Transportsysteme
Lieferung/Indienststellung: 1995/1996*; 1987 – 1995/2011**
Spurweite: 1.435 mm
Achsfolge: 2' B'
Länge über Puffer: 25.420 mm
Gewicht: 47 t
Achslast: 11,75 t
Höchstgeschwindigkeit: 120 km/h
Leistung: 419 kW
Stromsystem: –
Verwendung/Einsatzgebiet: Nahverkehr
Außerdienststellung: –
* 5047.501/502
** 247.503 – 509

Bei Matz-Rohrbach, unweit von Sopron und der ungarischen Grenze, fährt der 5147.511/512 als Zug 7115 seiner Heimat entgegen.

GySEV/Raaberbahn

5147.511/512
446.513 bis 517 (ex ÖBB-5147)

TECHNISCHE DATEN

Hersteller: Jenbacher Energiesysteme; Jenbacher Transportsysteme
Lieferung/Indienststellung: 1996*; 1992 – 1993/2012**
Spurweite: 1.435 mm
Achsfolge: 2' B' + B' 2'
Länge über Puffer: 49.020 mm
Gewicht: 2 x 50 t
Achslast: 12,5 t
Höchstgeschwindigkeit: 120 km/h
Leistung: 2 x 419 kW
Verwendung/Einsatzgebiet: Nahverkehr in Österreich und Ungarn
Außerdienststellung –
* 5147.511/512
** 446.513 bis 517

Der große Erfolg der Solo-Triebwagen der Reihe 5047 führte bei den ÖBB zur Beschaffung entsprechender Doppeltriebwagen der Reihe 5147, wobei als Vorbild die DB-Baureihenfamilie 628 diente. Der 5147.511/512 wurde im April 1996 direkt vom Herstellerwerk in Jenbach bezogen, fünf weitere stammen von den ÖBB. Der 5147.511/512 entspricht in der Ausführung den 5047.501 und 502 der GySEV und erhielt für Einsätze auf dem ungarischen Streckennetz zusätzlich das Zugsicherungssystem EVM 120. Mit der Einführung des neuen UIC-Nummernschemas änderte sich die Reihenbezeichnung (neu Reihe 446), die zunächst an den 2012 von den ÖBB übernommenen fünf Triebwageneinheiten 5147.001 bis 010 angebracht wurde. Die GySEV hat sie als 1446/2446.513 – 517 beschriftet. Die optische Anpassung an die Normalien der GySEV erfolgte wie bei den zuvor übernommenen Solo-Triebwagen sukzessive im Rahmen von planmäßigen Werkstattaufenthalten. Auch diese Triebwagen sind auf den nicht elektrifizierten Strecken in Ungarn zu sehen, aber auch auf der Mattersburgerbahn zwischen Wiener Neustadt und Sopron bzw. Deutschkreutz.

LTE/Adria Transport

1216.910 und 1216.920 bis 922

Siemens lieferte 2008 vier Loks des Typs ES 64 U4 an neue Eisenbahnverkehrsunternehmen: Die 1216.910 an die LTE und die 1216.920 bis 922 an die Adria Transport. Beide Unternehmen stehen im Eigentum der Graz-Köflacher Bahn. Die LTE Logistik und Transport GmbH wurde 2001 gegründet und hat sich auf den Ganzzugverkehr von der Nordsee bis zum Schwarzen Meer fokussiert. 2008 wurde mit der 1216.910 die erste eigene Elektrolok beschafft (A-LTE 91 81 1216.910-0). Sie wurde als Subtype ES 64 U4-B3 in Betrieb genommen, später in die Variante ES 64 U4-C geändert. Die blau/silberne Lok war lange mit dem Firmenlogo versehen, derzeit ist an der Seitenwand eine Firmenwerbung angebracht.
Ebenfalls 2008 wurden die 1216.920 bis 922 an die Adria Transport geliefert, ein Joint Venture des Hafens Koper mit der GKB. Auch diese drei Loks sind blau/silbern lackiert, jedoch in anderer Farbaufteilung als die 1216 der LTE. Die 1216.920 und 921 gehören der Subtype ES 64 U4-B6 an, die 1216.922 zur Subtype ES 64 U4-B3. Die Halterkennung lautete bei Ablieferung A-GKB, wurde aber kurz nach Inbetriebnahme auf A-LTE abgeändert. Die drei Lokomotiven sind im grenzüberschreitenden Güterverkehr mit Deutschland, Ungarn und Slowenien im Einsatz.

TECHNISCHE DATEN	
Hersteller:	Siemens
Lieferung/Indienststellung:	2008
Spurweite:	1.435 mm
Achsfolge:	Bo' Bo'
Länge über Puffer:	19.580 mm
Gewicht:	87 t
Achslast:	21,75 t
Höchstgeschwindigkeit:	230 km/h
Leistung:	6.400 kW
Stromsystem:	15 kV/16,7 Hz und 25 kV/50 Hz Wechselstrom; 1.500 V und 3.000 V Gleichstrom
Verwendung/Einsatzgebiet:	Nationaler und internationaler Güterverkehr
Außerdienststellung:	–

Gelegentlich ist das Einzelstück der LTE auch in Deutschland zu sehen: 1216.910 mit einem Containerzug am 3. April 2014 bei Ostermünchen.

Die 187 932 der LTE befuhr am 9. August 2020 mit dem Kesselwagen-Zug 48894 nach Deutschland bei Säusenstein die alte Westbahnstrecke.

LTE/Adria Transport

187 930 bis 932

TECHNISCHE DATEN

Hersteller: Bombardier
Lieferung/Indienststellung: 2016, 2018, 2019
Spurweite: 1.435 mm
Achsfolge: Bo' Bo'
Länge über Puffer: 18.900 mm
Gewicht: 87 t
Achslast: 21,75 t
Höchstgeschwindigkeit: 160 km/h
Leistung: 5.600 kW + 180 kW
Stromsystem: 15 kV/16,7 Hz und 25 kV/50 Hz Wechselstrom
Verwendung/Einsatzgebiet: Internationaler Güterverkehr
Außerdienststellung: –

Die LTE war das erste Eisenbahnverkehrsunternehmen in Österreich, das von Bombardier eine Lokomotive des Traxx-Typs AC3 mit Diesel-Hilfsmotor gekauft hat. Die als A-LTE 91 81 1187.930-3 beschriftete Lokomotive (Taufname Elisabeth) wurde am 27. Juni 2016 in Graz vorgestellt und sogleich dem Betrieb übergeben. Ausgerüstet mit den Länderpaketen für Österreich, Deutschland, Ungarn und Rumänien wird sie vorwiegend entlang der Donauachse eingesetzt. Die Lok eignet sich nicht nur zum Transport von bis zu 2.000 Tonnen schweren Güterzügen über große Distanzen, sondern kann mit dem eingebauten Dieselmotor auch Streckenabschnitte ohne Fahrleitung überwinden. Der Diesel-Hilfsmotor verfügt über einen Hubraum von 7.150 cm^3 und erfüllt die Stage-IIIB-Abgasnorm. Die Höchstgeschwindigkeit im Dieselbetrieb beträgt 60 km/h, mit einem beladenen Zug 40 km/h. Aufgrund der großen Zuverlässigkeit beschaffte LTE zwei weitere Traxx F160 AC3 LM. Im August 2018 wurde die 187 931 in Betrieb genommen, im März 2019 gesellte sich noch die 187 932 zum Bestand. Die Loks sind dunkelblau lackiert und mit verschiedenen Werbepaneelen versehen. Neben den drei eigenen Lokomotiven mit Last-Mile-Modul hat die LTE einige Traxx-Loks der Baureihe 186 angemietet.

LTE/Adria Transport

2016.903, 904, 909, 920 bis 922

Nachdem die Steiermärkischen Landesbahnen zwei Exemplare des Typs EuroRunner 20 von den ÖBB aus der laufenden Produktion hatten abzweigen können, wurden weitere EuroRunner 20 für österreichische Privatbahnen gefertigt. Am 23. Dezember 2004 kaufte die LTE für 2,35 Mio. Euro die ER 20-009 von Siemens-Dispolok. Die neu als 2016.903 beschriftete Lok wurde am 5. April 2005 bei Siemens in Wien vorgestellt und zeigte sich in blau/silberner Farbgebung mit entsprechenden Firmenanschriften. Bei der Lok wurde die Zugheizleitung ausgebaut und sie besitzt einen Dieseltank mit einem größeren Volumen. Ihr künftiges Einsatzgebiet sollten Güterverkehre zwischen Burghausen und Ziar nad Hronom sein. Im Februar 2007 folgte in gleicher Ausstattung die 2016.904, die als Vorratslok DE 2005-05 für die NOB vorgesehen war. Als dritte LTE-Maschine wurde im Mai 2010 die 2016.909 (A-LTE 92 81 2016 909-0) mit dem Taufnamen „Janka" in Betrieb genommen. Die 2016.920 bis 922 von Adria-Transport verkehren mit der Halterkennung von LTE. Die 92 81 2016 920-8 und 921-2 wurden fabrikneu übernommen und sind für Containerverkehre zwischen Österreich, Ungarn und Slowenien vorgesehen. Die 2016.922 wurde 2013 von Siemens-Dispolok erworben (ex ER 20-006), im März 2021 erfolgte der Verkauf an die Muttergesellschaft GKB.

TECHNISCHE DATEN

- Hersteller: Siemens
- Lieferung/Indienststellung: 2004, 2007, 2010, 2012, 2013
- Spurweite: 1.435 mm
- Achsfolge: Bo' Bo'
- Länge über Puffer: 19.275 mm
- Gewicht: 80 t
- Achslast: 20 t
- Höchstgeschwindigkeit: 140 km/h
- Leistung: 2.000 kW
- Verwendung/Einsatzgebiet: Personen- und Güterzugverkehre
- Außerdienststellung: –

Die 2016.903 der LTE, noch mit Anschrift für European Bulls, war am 11. Oktober 2012 bei Pivka mit einem Containerzug unterwegs.

Am 11. März 2022 wurde die einzige Diesellok der MBS, die V 10.017, zum Bespannen eines Güterzuges an die Ladestelle geführt (bei Tschagguns).

Montafonerbahn (MBS)

V 10.017

TECHNISCHE DATEN
Hersteller: LEW, Hennigsdorf
Lieferung: 1972
Indienststellung MBS: 2009
Spurweite: 1.435 mm
Achsfolge: B' B' dh
Länge über Puffer: 14.240 mm
Gewicht: 64 t
Achslast: 16 t
Höchstgeschwindigkeit: 80 bzw. 100 km/h
Leistung: 1.380 kW
Verwendung/Einsatzgebiet: (Tunnel-)Bauzug- und Güterzugverkehre
Außerdienststellung: –

Die internationale Messe „Transportlogistik München" hatte 2009 für den österreichischen Eisenbahnsektor eine Überraschung zu bieten. Im Freigelände des Messeareals war eine gebrauchte Diesellokomotive der ehemaligen Deutschen Reichsbahn mit der Bezeichnung V 10.017 der Montafonerbahn (MBS) ausgestellt. Die Beschaffung der Lok erfolgte, um nach dem Wegfall der Netzzulassung für die beiden 1045 einen adäquaten Ersatz zu haben. Die MBS fand diesen mit der als zuverlässig geltenden Ost-V 100. Hinter der V 10.017 verbirgt sich die Spenderlok 110 446 der ehemaligen DR (bei der DB AG als 202 446 bezeichnet), die im Jahr 1972 von LEW gebaut wurde. Der Ankauf erfolgte über Alstom, wo die V 100 aufgearbeitet wurde. Als wesentliche Bauartänderung ist der Einbau eines neuen Caterpillar-Zwölfzylindermotors zu nennen, der mit seinem Rußpartikelfilter wesentlich zum umweltfreundlichen Betrieb beiträgt. Der Filter dient zur Reduktion der Staubpartikel um 97 % und erlaubt auch einen Einsatz der Lok bei Tunnelbaustellen. Alstom lackierte die V 10.017 in den Farben Gelb und Hellgrau (Lokaufbau), der Rahmen und die Drehgestelle sind schwarz. Die Lok ist in Deutschland immatrikuliert, die TSI-Nummer lautet deshalb D-MBS 92 80 1203 159-9.

Der ET 10.104 der MBS wurde am 15. Februar 2020 im Bahnhof Scharnitz im Bild festgehalten.

Montafonerbahn (MBS)

ET 10.103 und ET 10.104

Die Montafonerbahn erwarb 1961 drei ausgemusterte Dieseltriebwagen VT 63.9 von der DB. Einer davon wurde sogleich zum elektrischen Zweisystemtriebwagen (ET 10.103) umgebaut und ab 1965 eingesetzt. Der zweite Triebwagen (ET 10.104) wurde knapp drei Jahre nach der am 6. März 1972 durchgeführten Systemumstellung im Januar 1975 als Wechselstromfahrzeug in Dienst gestellt. Die beiden Spenderfahrzeuge wurden 1935 von Lindner in Deutschland gefertigt. Die einteiligen Fahrzeuge wurden 1965 bzw. 1972 durch die MBS und AEG nachträglich mit einem elektrischen Teil ausgestattet, deren zwei vierpolige Reihenschlussmotore je 150 kW leisten. Der ET 10.103 erhielt zunächst einen Scherenstromabnehmer Bauart DBS 54 der DB über dem Laufdrehgestell, nach 1969 wurde er durch einen ÖBB-Einholmstromabnehmer Bauart VI ersetzt. Der Wagenkasten ist eine geschweißte Stahlkonstruktion. Es sind 56 Plätze 2. Klasse, acht Plätze 1. Klasse sowie 34 Stehplätze vorhanden. Beide Triebwagen befinden sich noch im Bestand der Montafonerbahn, wurden aber mangels Bedarfs in die Obhut von Pro-Bahn Vorarlberg gegeben und sind in einer Halle in Wolfurt hinterstellt. Der noch betriebsfähige ET 10.104 wird für Sonderfahrten herangezogen, das Schwesterfahrzeug dient derzeit als Ersatzteilspender, eine Aufarbeitung ist ins Auge gefasst.

TECHNISCHE DATEN

Hersteller: Lindner, U. Fuchs
Lieferung: 1935
Indienststellung MBS: 20.05.1965*, 08.01.1975
Spurweite: 1.435 mm
Achsfolge: Bo' 2' bzw. Bo' Bo'
Länge über Puffer: 17.650 bzw. 16.750 mm
Gewicht: 40 bzw. 42 t
Achslast: 10 bzw. 10,5 t
Höchstgeschwindigkeit: 100 km/h
Leistung: 252 bzw. 328 kW
Stromsystem: 15 kV/16,7 Hz Wechselstrom (ET 10.103 zusätzlich 800 V Gleichstrom)
Verwendung/Einsatzgebiet: Regionaler Nahverkehr, heute Nostalgiefahrten
Außerdienststellung: 2009
* ET 10.103

Die NPZ-Garnitur ES 10.208/ET 10.108 fuhr am 29. Mai 2017 als Zug 8948 in die Haltestelle Kaltenbrunnen ein.

Montafonerbahn (MBS)

ET 10.107 und ET 10.108

Nachdem sich die SBB wegen Eigenbedarfs geweigert hatte, einen ihrer vier Vorserien-NPZ (Nahverkehrspendelzug) zu verkaufen, wurde als Anschlussauftrag an die seinerzeitige SBB-Liefertranche ein zweiteiliges, aber für die MBS-Verhältnisse modifiziertes Neubaufahrzeug bestellt. Die Modifikationen betreffen den Stromabnehmer mit breiterer Palette, den Dachgarten (Isolatoren, Makrophone, Zugfunk und Dachantennen gemäß ÖBB-Bauart) und das Zugsicherungssystem Indusi. Der ET 10.107/ES 10.207 traf im Herbst 1990 bei der MBS ein und war nach Jahrzehnten das erste Neubaufahrzeug in der Firmengeschichte. Er wurde im MBS-Anstrichschema (Karminrot, Ginstergelb, Blaugrau) geliefert. Ein zweiter NPZ folgte als ET 10.108/ES 10.208 im Jahr 1994. Mit den beiden Triebwagen wurde daraufhin der gesamte Nahverkehr im Montafon abgewickelt. Die NPZ sind als luftgefederte Leichtstahlfahrzeuge konstruiert und weisen zwei Fahrgasträume mit 32 bzw. 24 Sitzplätzen sowie ein Gepäckabteil auf. Der Antrieb erfolgt über vier Mischmotoren. Als Steuerung dient eine Thyristorsteuerung, die an die der ÖBB-Reihe 1044 angelehnt ist. Beide Triebwagen sind durch die Neugestaltung des Nahverkehrs im Montafon seit Dezember 2020 arbeitslos, in Lorüns abgestellt und stehen zum Verkauf. Der ET 10.107/ES 10.207 ist im aktuellen Unternehmensdesign lackiert.

TECHNISCHE DATEN

Hersteller:
Schindler Waggon/ABB
Lieferung/Indienststellung:
1990, 1994
Spurweite: 1.435 mm
Achsfolge: Bo' Bo' + 2' 2'
Länge über Puffer:
2 x 25.000 mm
Gewicht:
70/79 t (ET) + 37/46 t (ES)
Achslast:
17,5/19,75 t + 9,75/11,5 t
Höchstgeschwindigkeit:
140 km/h
Leistung: 1.760 kW
Stromsystem:
15 kV/16,7 Hz Wechselstrom
Verwendung/Einsatzgebiet:
Regionaler Nahverkehr
Außerdienststellung: –

Die beiden Solo-Triebwagen ET 10.109 und ET 10.110 waren am 20. Mai 2009 für die Abwicklung des Personenverkehrs im Montafon verantwortlich und warten auf ihre nächste Zugleistung nach Bludenz.

Montafonerbahn (MBS)

ET 10.109 und ET 10.110

Das vierte Investitionsprogramm für Privatbahnen enthielt 1997 für die Montafonerbahn als Ersatz für die mittlerweile in die Jahre gekommenen Triebwagen ET 10.103 und ET 10.104 zwei neue Solo-Triebwagen von Stadler in Bussnang. Die ET 10.109 und ET 10.110 wurden zu einem Stückpreis von umgerechnet etwa 4,94 Mio. Euro erworben und stellten für den Hersteller eine Neukonstruktion auf Basis ähnlicher Triebwagen der Type Be 4/4 8 für die Meiringen-Innertkirchen-Bahn dar. Die Fahrzeuge sind in Stahl-Leichtbauweise hergestellt und verfügen jeweils über einen Fahrgastraum mit 56 Sitzplätzen mit der Anordnung 2 + 2 in Vis-à-vis-Bestuhlung sowie je zwei kleine Mehrzweckräume im Einstiegsbereich, wo unter anderem Gepäck oder auch Fahrräder deponiert werden können. Im Mehrzweckraum sind vier zusätzliche Klappsitze untergebracht. Der Stromabnehmer ist über dem Eingangsbereich der Fahrzeugseite 2 am Dach aufgesetzt. Der Antrieb erfolgt mittels vier Asynchronfahrmotoren in Drehstromantriebstechnik und Vierquadrantensteller. Beide Triebwagen waren bis zum 13. Dezember 2020 auf der Montafonerbahn bzw. im grenzüberschreitenden Verkehr zwischen Feldkirch und Buchs (SG) eingesetzt und waren zuletzt arbeitslos in Schruns abgestellt. Die Oensingen-Balsthal Bahn AG erwarb im Frühjahr 2022 beide Triebwagen und nahm diese als RBe 94 85 7546 109-0 und 94 85 75 46 110-8 mit der Halterkennung CH-OeBB in Betrieb.

TECHNISCHE DATEN

Hersteller: Adtranz/Stadler
Lieferung/Indienststellung: 1999
Spurweite: 1.435 mm
Achsfolge: Bo' Bo'
Länge über Puffer: 23.514 mm
Gewicht: 46 t
Achslast: 11,5 t
Höchstgeschwindigkeit: 140 km/h
Leistung: 880 kW
Stromsystem: 15 kV/16,7 Hz Wechselstrom
Verwendung/Einsatzgebiet: Regionaler Nahverkehr (auch grenzüberschreitend)
Außerdienststellung –

Bei Kaltenbrunnen war am 10. März 2015 der in den aktuellen Unternehmensfarben lackierte ET 10.122 als Regionalzug 8941 im Einsatz.

Montafonerbahn (MBS)

ET 10.121 und ET 10.122

TECHNISCHE DATEN

- Hersteller: Schindler Waggon/ABB
- Lieferung: 1984
- Indienststellung MBS: 2009
- Spurweite: 1.435 mm
- Achsfolge: Bo' Bo' + 2' 2'
- Länge über Puffer: 2 x 25.000 mm
- Gewicht: 70/79 t (ET) + 37/46 t (ES)
- Achslast: 17,5/19,75 t + 9,75/11,5 t
- Höchstgeschwindigkeit: 140 km/h
- Leistung: 1.680 kW
- Stromsystem: 15 kV/16,7 Hz Wechselstrom
- Verwendung/Einsatzgebiet: Regionaler Nahverkehr
- Außerdienststellung –

Das Bemühen der Montafonerbahn um Ankauf der SBB-Vorserien-Nahverkehrspendelzüge (NPZ-Prototypen) trug, nachdem zwei Serien-NPZ (ET 10.107 und 108) erworben worden waren, dennoch Früchte. Der Vorarlberger Privatbahn gelang es zum Jahresbeginn 2008, die SBB-NPZ RBDe 560 001 samt Steuerwagen Bt 29-34 901 und den RBDe 560 003 mit dem Steuerwagen Bt 29-34 903 gebraucht zu erwerben. Beide Garnituren wurden bei Stadler in Winterthur einer Generalüberholung unterzogen, bei der unter anderen der Einbau des Zugsicherungssystems PZB 90 sowie ein Austausch der Stromabnehmerwippen nach ÖBB-Norm erfolgte. Für den Einsatz auf ÖBB-Strecken wurde ein entsprechendes Zugfunkgerät installiert. Im Zuge der Umbauarbeiten erhielten beide Fahrzeuge eine Neulackierung in den aktuell gültigen Unternehmensfarben. Der Wagenkasten besteht aus einer großflächigen Lackierung in den Farbtönen Rapsgelb (RAL 1021) und Eisengrau (RAL 7011), der durch ein schwarz lackiertes Fensterband durchbrochen wird. Das Dach ist ebenfalls schwarz ausgeführt. Für den Fahrwerksbereich wurde eine dunkelgraue Lackierung gewählt. An den ET 10.121 und 10.122 sind zusätzlich die UIC-Nummern 94 81 4480 121-4 und 122-2 angeschrieben, an den Steuerwagen 94 81 6480 221-7 und 222-5. Beide Triebwagen sind seit Dezember 2020 in Schruns gesichert hinterstellt. Im Frühjahr 2022 erfolgte der Verkauf des ET 10.121/ES 10.221 an die Oensingen-Balsthal Bahn AG, die neue Bezeichnung lautet RBDe 94 85 7560 003-6 und Bt 50 85 80-35 003-3 CH-OeBB.

Die Aufnahme zeigt den XVT 10.903 bei einem seiner seltenen Betriebseinsätze (bei Schruns).

Montafonerbahn (MBS)

XVT 10.903

Die mangelnde Bereitschaft der Bahnverwaltung, den X 10.902 weiterhin einzusetzen, führte 1978 zum Ankauf des von den ÖBB mit einem Unfallschaden ausgemusterten Schienenbusses VT 5081.12. Er gelangte ohne Motor ins Montafon und musste in der eigenen Werkstätte zunächst einer Aufarbeitung unterzogen werden. Vorteilhaft war, dass er über normale Zug- und Stoßvorrichtungen verfügt. Zudem konnte der neue Turmwagen nach den aktuellen Bestimmungen des Arbeitnehmerschutzes gestaltet werden. Eine dieser Errungenschaften war die Berücksichtigung einer verglasten Fahrleitungsbeobachtungskanzel. Die weitere Dachausrüstung wie der Stromabnehmer zum Erden der Fahrleitung oder auch die aufgebaute Hebebühne wurden vom X 10.902 übernommen und in den Jenbacher Schienenbus eingebaut. Der XVT 10.903 wurde nach der Fertigstellung aller Umbauarbeiten offiziell am 4. April 1979 in Betrieb genommen und ist abweichend vom Vorgängerfahrzeug mit zwei Antriebsanlagen ausgestattet.

TECHNISCHE DATEN

Hersteller: Jenbacher Werke
Lieferung: 1965
Indienststellung MBS: 1979
Spurweite: 1.435 mm
Achsfolge: A A
Länge über Puffer: 13.950 mm
Gewicht: 21,0 t
Achslast: 10,5 t
Höchstgeschwindigkeit: 90 km/h
Leistung: 220 kW
Verwendung/Einsatzgebiet: Fahrleitungsarbeiten
Außerdienststellung: –

Die 999.02 stellt am 28. September 1997 im Bahnhof Puchberg eine Garnitur mit zwei Vorstellwagen bereit.

Niederösterreichische Schneebergbahn (NÖSBB)

Dampflokomotiven 999.01 bis 05

TECHNISCHE DATEN

- Hersteller: Krauss Linz
- Lieferung: 1896
- Indienststellung NÖSBB: 1997
- Spurweite: 1.000 mm
- Achsfolge: 2 zz 1' n2t
- Länge über Puffer: 5.560 mm
- Gewicht: 18 t
- Achslast: 3,8 t
- Höchstgeschwindigkeit: 12 km/h
- Verwendung/Einsatzgebiet: Saisonierte Dampfsonderzüge im Hochsommer
- Außerdienststellung: –

Die Schneebergbahn ist eine von ursprünglich sechs Zahnradbahnen in Österreich. Um den gleichnamigen Schneeberg als Hausberg der Wiener für den Ausflugs- und Erholungsverkehr besser zu erschließen, errichtete das Bauunternehmen Leo Arnoldi im ausgehenden 19. Jahrhundert eine Zahnradbahn. Ausgangspunkt ist Puchberg, Endpunkt einer Normalspurlinie von Wiener Neustadt. Die knapp zehn km lange Zahnradstrecke nach dem System Abt wurde 1897 eröffnet und gehört seit dem 1. Januar 1997 der NÖVOG, die ihrerseits zur Betriebsabwicklung die Niederösterreichische Schneebergbahn (NÖSBB) gründete. Die Infrastruktur wurde erst am 14. Januar 2010 an die NÖVOG übertragen. Zur Erstausstattung wurden bei Krauss in Linz fünf Meterspur-Zahnrad-Dampflokomotiven mit einer Kesselneigung von 120 ‰ beschafft. Diese Dampfloks standen bis zur Beschaffung der neuen „Salamander"-Triebwagen unermüdlich im Einsatz und konnten mit zwei Vorstellwagen bis zu 100 Personen befördern. Gegenwärtig sind nur noch die 999.03 und die 999.05 betriebsfähig. Sie kommen an den Wochenenden in der Hochsaison im Nostalgieverkehr zum Einsatz. Die NÖSBB Z1 alias 999.01 wurde vor dem Bahnhofsgebäude in Puchberg als Denkmallok aufgestellt.

Die Salamander-Garnitur 12 steht im Bahnhof Puchberg zur Fahrt auf den im Hintergrund zu sehenden Schneeberg auf knapp 2.000 m Seehöhe bereit.

Niederösterreichische Schneebergbahn (NÖSBB)

11 bis 13 („Salamander“)

Die ÖBB haben zum 1. Januar 1997 die Schneebergbahn an die Niederösterreichische Verkehrsorganisationsgesellschaft mbH (NÖVOG) übertragen. Für die Betriebsabwicklung wurde als Tochtergesellschaft die Niederösterreichische Schneebergbahn (NÖSBB) gegründet, die bis zum Dezember 2010 die noch den ÖBB gehörenden Anlagen benutzte. Mit dem Betreiberwechsel wurde eine Modernisierung dieser Ausflugs- und Touristenbahn eingeläutet. Der Dampfbetrieb erwies sich als zu langsam und zu teuer, so dass man die Lösung in der Beschaffung neuer Dieseltriebwagen sah. 1998 wurden drei Triebköpfe und zwei Wagensätze beschafft, denen 2009 ein dritter folgte. Die „Salamander“ fallen auch optisch auf, denn sie sind farblich Feuersalamandern nachempfunden. Eine „Salamander“-Garnitur weist 119 Sitzplätze auf und besteht aus einer Antriebseinheit, einem Mittel- sowie einem Steuerwagen. Für Versorgungstransporte dienen seit 2010 sog. „Baby-Salamander“, das sind kleine Vorstellwagen, die vor den Steuerwagen gereiht werden. Die Fahrzeuge tragen die Hauptlast des Touristen- und Ausflugsverkehrs auf den Hausberg der Wiener und benötigen für die Bergfahrt 45 Minuten.

TECHNISCHE DATEN

Hersteller: Waagner-Biro, Hunslet-Barclay, Swoboda/Carvatech
Lieferung/Indienststellung: 1999, 2009
Spurweite: 1.000 mm
Achsfolge: 2 zz dh + 2 + 2
Länge über Puffer: 30.416 mm
Gewicht: 41,25 (15,25 + 13,1 + 12,9) t
Achslast: 7,3 + 6,5 + 6,5 t
Höchstgeschwindigkeit: 15 km/h
Leistung: 544 kW
Verwendung/Einsatzgebiet: Abwicklung des Regelbetriebs
Außerdienststellung –

In dunkelgrün-gelber „Tarnlackierung“ wurden die Lok 14 und die entsprechend gestalteten Vorstellwagen am 28. Juli 2013 als Zug 932 in Verkehr gesetzt.

Niederösterreichische Schneebergbahn (NÖSBB)

14 und 15

TECHNISCHE DATEN
Hersteller: Stadler Rail
Lieferung/Indienststellung: 2010
Spurweite: 1.000 mm
Achsfolge: 2 zz dh
Länge über Puffer: 8.150 mm
Gewicht: 18,3 t
Achslast: 9,15 t
Höchstgeschwindigkeit: 25 km/h (talwärts: 16 km/h)
Leistung: 450 kW
Verwendung/Einsatzgebiet: Güter- und Arbeitszüge, Regelbetrieb
Außerdienststellung: –

Ende 2008 wurden von der NÖSBB bei Stadler in Bussnang zwei Diesellokomotiven mit Zahnradantrieb geordert. Im Mai 2010 traf die erste Maschine in Puchberg am Schneeberg ein, einen Monat später die zweite. Beide Diesellokomotiven absolvierten nach der Anlieferung eine Probefahrt und wurden anschließend dem Betriebsdienst übergeben. Sie wurden speziell zum Führen von Arbeits- und Dienstzügen konzipiert, kamen in Spitzenzeiten während der sommerlichen Hochsaison aber auch mit den vorhandenen Vorstellwagen im Ausflugsverkehr zum Einsatz. Sie verfügen über abgasregulierte Dieselmotore und sind mit modernster Drehstrom-Asynchron-Technik ausgestattet. Bei den Bremssystemen orientierte man sich an Schweizer Normen. Zur Verfügung steht eine E-Bremse ohne Rekuperation, als Zahnrad- und Adhäsionsbremse eine direkt wirkende Druckluftklotzbremse und zusätzlich eine Federspeicherbremse. Zur Erleichterung im Verschubbetrieb wurde eine Funkfernsteuerung eingebaut. Die Lok 14 befindet sich im Einsatz bei der NÖSBB, die Lok 15 wurde 2011 an die Salzkammergutbahn (SKGB) als VZ 31 zunächst vermietet und zum 20. Dezember 2012 an diese verkauft.

NÖVOG

Dampflokomotiven Reihe Mh

Die zwischen 1898 und 1907 eröffnete Mariazellerbahn beginnt in St. Pölten, führt ins niederösterreichisch-steirische Grenzgebiet und besitzt im südlichen Abschnitt Gebirgsbahncharakter. Zur Bewältigung des enormen Verkehrsaufkommens, neben der Beförderung von Pilgern insbesondere Touristen- und Güterverkehr, wurden in den Jahren 1906 bis 1908 sechs Dampflokomotiven beschafft. Es handelt sich um Heißdampf-Zwillingslokomotiven mit zweiachsigem Stütztender. Die sechs Maschinen wurden von der NÖLB in Betrieb genommen, kamen 1922 zur BBÖ und standen zwischen 1938 und 1945 in Diensten der Deutschen Reichsbahn. Nach 1945 verblieb die Serie bei den ÖBB; vier Lokomotiven versahen ihren Dienst im Waldviertel, die 399.01 bei der Pinzgaubahn und die 399.06 (Mh.6) bei der Mariazellerbahn. Die NÖVOG (Niederösterreichische Verkehrsorganisationsgesellschaft) übernahm 2010 mit der Übergabe der letzten ÖBB-Schmalspurbahn in Niederösterreich den Bestand an Fahrbetriebsmitteln, darunter drei Exemplare der Reihe 399. Die Mh.6 gehört dem Club Mh.6 und wird auf der Mariazellerbahn eingesetzt, die Mh.1 und Mh.4 erhielten vor wenigen Jahren eine Hauptausbesserung und sind im Waldviertel im Einsatz.

TECHNISCHE DATEN

Hersteller: Krauss Linz
Lieferung: 1906 – 1908
Indienststellung NÖVOG: 2010
Spurweite: 760 mm
Achsfolge: D 2' h2t
Länge über Puffer: 11.600 mm
Gewicht: 45,1 t
Achslast: 7,5 t
Höchstgeschwindigkeit: 40 km/h
Verwendung/Einsatzgebiet: Waldviertel (Mh.1 und Mh.4) und Mariazellerbahn (Mh.6)
Außerdienststellung: –

Die inzwischen als Mh.1 bezeichnete ehemalige 399.01 bespannte am 6. Juli 2014 einen Sonderzug im Waldviertel und erreichte den Bahnhof Alt Nagelberg.

Die im „Ferrero"-Design lackierte E 10 verlässt am 12. Juni 2021 den Bahnhof Winterbach mit einem Sonderzug.

NÖVOG

Reihe 1099 (Reihe E)

TECHNISCHE DATEN

Hersteller: ÖSSW (elektr. Teil); Krauss Linz (mechan. Teil)
Lieferung: 1909 – 1914
Indienststellung NÖVOG: 2010
Spurweite: 760 mm
Achsfolge: Co' Co'
Länge über Puffer: 10.900 mm
Gewicht: 50 t
Achslast: 8,34 t
Höchstgeschwindigkeit: 50 km/h
Leistung: 420 kW
Stromsystem: 6,5 kV/25 Hz Wechselstrom
Verwendung/Einsatzgebiet: Mariazellerbahn
Außerdienststellung: –

Wegen des enormen Reisendenaufkommens auf der Mariazellerbahn und des umfangreichen Güterverkehrs gerieten die Dampflokomotiven der Reihe Mh rasch an ihre Leistungsgrenze. Um die Transporte überhaupt noch bewältigen zu können, wurde die Strecke von der NÖLB elektrifiziert. Der elektrische Betrieb wurde 1911 in zwei Etappen aufgenommen. Beschafft wurden 16 sechsachsige Elektroloks mit Stangenantrieb. Nach dem Zweiten Weltkrieg kamen trotz aller Widrigkeiten (russische Besatzungszone) alle Maschinen geschlossen zur ÖBB. Lediglich die 1099.15 schied nach einem Fahrzeugabsturz im Jahre 1981 aus dem Bestand aus. Die anderen 15 Lokomotiven wurden Ende 2010 von der NÖVOG übernommen und weiterhin auf der gut 85 km langen Strecke eingesetzt. Die neu beschafften Stadler-Triebwagen „Himmelstreppe" lösten sie allerdings rasch ab. Ein Schattendasein fristen die Loks mit der Bespannung des Eilzugs „Ötscherbär". Die Betriebsumstellung durch Neubaufahrzeuge ließ weitere Lokomotiven auf das Abstellgleis rollen, die entweder in Ober Grafendorf, Kirchberg an der Pielach oder in St. Pölten hinterstellt sind. 2014 erfolgte die Umzeichnung auf die Reihe E mit der alten Ordnungsnummer. Aktuell einsatzfähig sind nur noch die E 7, E 10, E 13 und E 14. Sie weisen unterschiedliche Farbgebungen auf.

Die blau lackierte V 10 der NÖVOG ist am 12. Juni 2021 bei Weinburg mit einer „Ötscherbär"-Garnitur unterwegs.

NÖVOG

Reihe 2095

(005, 007, 009 bis 012, 014, 015)

Die ÖBB haben nach dem Zweiten Weltkrieg ein Programm zur Verdieselung der Schmalspurstrecken eingeleitet und leistungsstarke Dieselloks bestellt. Die ersten drei Prototypen wurden 1958 mit einer Leistung von 600 PS als Drehgestell-Stangenlokomotiven von SGP geliefert. Die gute Bewährung führte zu einem Folgeauftrag über zwölf weitere Maschinen, mit denen die Ablösung des Dampfbetriebs vorgesehen war. Einige der 15 Lokomotiven kamen auf den Schmalspurbahnen im Waldviertel (Gmünd), der Ybbstalbahn (Waidhofen) sowie der „Krumpen" und der Mariazellerbahn (St. Pölten) zum Einsatz. Nach Abtretung dieser Verkehre von den ÖBB an die niederösterreichische Landesgesellschaft gelangten die verbleibenden zehn Loks zur NÖVOG. Die 2095.05 und 12 sind in Gmünd stationiert und verkörpern dort das Erscheinungsbild der 1960er- und 1970er-Jahre. Die anderen acht Exemplare wurden von St. Pölten aus eingesetzt und entsprachen zunächst dem ÖBB-Letztzustand. Ab dem Sommer 2014 reduzierte sich der Bestand durch den Verkauf der 2095.013 an die Bregenzerwaldbahn, der 2095.011 und 014 nach Rumänien sowie der Übergabe der 2095.008 als Vs 74 an die SLB. An den betriebsfähigen 2095 wurden wenig später neue Lokbezeichnungen mit „V" beginnend angeschrieben. Mittlerweile führt die NÖVOG ihre 2095 einer Ausbesserung zu. Die V 10 und V 15 wurden in den Farben Blau und Gelb lackiert und gehören zur Infrastruktur.

TECHNISCHE DATEN

Hersteller: SGP Wien, Floridsdorf (mechan. Teil)
Lieferung: 1958 – 1962
Indienststellung NÖVOG: 2010
Spurweite: 760 mm
Achsfolge: B' B'
Länge über Puffer: 10.400 mm
Gewicht: 30,8 – 32 t
Achslast: 7,7 – 8 t
Höchstgeschwindigkeit: 60 km/h
Leistung: 442 kW
Verwendung/Einsatzgebiet: Nostalgieverkehr, Erhaltungsdienst
Außerdienststellung: –

Die Triebwagen ET 8 und ET 1 werden am 12. Juli 2015 als Zug 6809 gleich das Endziel in Mariazell erreichen. Im Hintergrund ist der Ötscher zu sehen.

NÖVOG

ET 1 bis ET 9 („Himmelstreppe")

TECHNISCHE DATEN
Hersteller: Stadler, Bussnang
Lieferung/Indienststellung: 2013
Spurweite: 760 mm
Achsfolge: Bo' 2' 2' Bo'
Länge über Puffer: 50.740 mm
Gewicht: 75 t
Achslast: 9,4 t
Höchstgeschwindigkeit: 80 km/h
Leistung: 1.200 kW
Stromsystem: 6,5 kV/25 Hz Wechselstrom
Verwendung/Einsatzgebiet: Regionalverkehr Mariazellerbahn
Außerdienststellung: –

Zum Fahrplanwechsel 2010 hat die NÖVOG sehr viele Nebenbahnen und das gesamte Schmalspurnetz im Bundesland Niederösterreich übernommen. Noch im selben Monat erfolgte bei Stadler in Bussnang die Bestellung von neun modernen Niederflur-Gelenktriebzügen für die Mariazellerbahn. Die Fahrzeuge wurden ab Frühjahr 2013 im Monatsrhythmus abgeliefert, parallel dazu fanden an diversen Stellen der Infrastruktur und den Fahrleitungsanlagen der Mariazellerbahn Umbauarbeiten statt. Die neuen Triebwagen, die unter dem Namen „Himmelstreppe" verkehren, sind speziell auf die Bedürfnisse der NÖVOG zugeschnitten und dienen als modernes, zeitgemäßes Fahrbetriebsmittel für Pendler, Touristen und Ausflügler. Die gut 50 m langen, in Gold lackierten Triebwagen mit Drehstromantriebstechnik weisen in Summe 127 Sitz- und 100 Stehplätze auf. Laut Stadler-Prospekt beträgt die Höchstgeschwindigkeit 80 km/h, im Klammerausdruck steht noch (90 km/h möglich). Die Fahrzeuge sind also bis zu 90 km/h lauffähig konzipiert, jedoch nur für 80 km/h zugelassen. Die installierte Traktionsleistung ist so ausgelegt, dass auch die bei Stadler beschafften Panoramawagen zusätzlich als „Schleuderwagen" mitgeführt werden können. Der planmäßige Einsatz der Triebwagen begann am 5. September 2013, seit dem 28. Oktober 2013 wird der gesamte Nahverkehr mit diesen Fahrzeugen abgewickelt.

Die Triebwagen der Reihe 654 kommen in der Wachau zum Einsatz. 654.035, 654.036 und 654.032 sind am 31. März 2016 in Weißenkirchen eingetroffen.

NÖVOG

Reihe 654

Die Bahnlinie durch die Wachau (Krems – Emmersdorf) ging wie auch andere Nebenbahnen in Niederösterreich in das Eigentum der NÖVOG über. Die Region gilt gerade im Sommer als Ausflugsregion und Touristenattraktion, weshalb während dieser Zeit ein beschränkter Regionalverkehr angeboten wird. Anfangs wurde der Zugverkehr mit einer 2043 und Schlierenwagen durchgeführt, später mit dem eigenen Schienenbus. Alle diese Fahrzeuge waren jedoch nicht mehr zeitgemäß. Da die NÖVOG rigorosen Sparzwängen unterworfen war, nahm sie ein günstiges Angebot der Vogtlandbahn aus Deutschland über fünf Dieseltriebwagen des Typs RegioSprinter an (654.031, 032, 035, 036 und 038). Die VT 31 bis 48 der Vogtlandbahn wurden 1996/97 von Duewag gebaut und ab 1999 entsprechend der deutschen Betriebsordnung für Straßenbahnen (BOStrab) nachgerüstet. Die RegioSprinter sind Niederflurtriebwagen mit einem Niederfluranteil von 75 % und verfügen über 80 Sitzplätze, davon sechs als Klappsitze, und ein 8 m^2 großes Mehrzweckabteil mit Aufhängevorrichtungen für Fahrräder. Pro Fahrzeugseite sind zwei doppelflügelige und 1.300 mm breite Außenschiebetüren vorhanden, außerdem je eine Rollstuhlrampe. Dank der großen Panoramascheiben im Fahrgastraum eignen sich die RegioSprinter ideal für den Tourismusverkehr in der Wachau. Sie können in Mehrfachtraktion verkehren.

TECHNISCHE DATEN

- Hersteller: Duewag
- Lieferung: 1996/1997
- Indienststellung NÖVOG: 2016
- Spurweite: 1.435 mm
- Achsfolge: A + 2 + A
- Länge über Puffer: 25.170 mm
- Gewicht: 31,9 t
- Achslast: 8 t
- Höchstgeschwindigkeit: 120 km/h
- Leistung: 2 x 228 kW
- Verwendung/Einsatzgebiet: Regionalverkehr Wachau
- Außerdienststellung: –

NÖVOG

5081.051 und 6581.055

TECHNISCHE DATEN

Hersteller: Jenbacher Werke
Lieferung: 1965
Indienststellung NÖVOG: 2011
Spurweite: 1.435 mm
Achsfolge: Bo
Länge über Puffer: 13.950 mm
Gewicht: 25,3 t
Achslast: 12,65 t
Höchstgeschwindigkeit: 90 km/h
Leistung: 2 x 110 kW
Verwendung/Einsatzgebiet: Wachau
Außerdienststellung: –

2011 gelangte eine Schienenbusgarnitur in den umfangreichen Fuhrpark der NÖVOG. Die Garnitur wurde vom Verein Erzbergbahn in Vordernberg übernommen und ist in Etsdorf-Straß unweit von Krems an der Donau beheimatet. Sie gehörte einem deutschen Schienenbussammler, der sie im Bayerischen Eisenbahnmuseum in Nördlingen hinterstellt hatte. Nach dem Ableben des Eigentümers gelangte die Garnitur im November 2008 wieder nach Österreich. Sie wurde nach Eisenerz überstellt und über die Erzbergbahn nach Vordernberg geschleppt, wo sie eine neue Heimat finden sollte. Probleme infolge der drohenden Streckenstilllegung in Vordernberg führten zur Abgabe der Triebwagen-Garnitur nach Niederösterreich. Die NÖVOG ließ die beiden Fahrzeuge neu lackieren und verwendete sie im Museums- bzw. Ausflugsverkehr in der Wachau zwischen Krems und Emmersdorf an der Donau oder in der Vorsaison im Fahrtenprogramm „Reblaus-Express". Im Frühjahr 2021 erlitt der Triebwagen einen Getriebeschaden. Die defekte Triebwagengarnitur wurde an den Förderverein Schienenbus e.V. („Roter Flitzer") nach Kornwestheim verkauft und im Juni 2022 dem neuen Eigentümer überstellt. Der Triebwagen wurde 1965 von den Jenbacher Werken als Lizenznachbau gefertigt und gehört der an die ÖBB gelieferten Serie 5081.51 – 65 an.

Der in Gold und Silber lackierte NÖVOG-Schienenbus 5081.051 und 6581.055 verkehrte in der Vorsaison als „Reblaus-Express", aufgenommen am 7. April 2018 bei Retz im nördlichen Weinviertel.

Der VT 9 (vormals 5090.009) wurde für die Citybahn in Waidhofen an der Ybbs in ein buntes Design versetzt und steht am 28. Oktober 2015 im Ausgangsbahnhof.

NÖVOG

Reihe 5090 (007 bis 017)

Die Steiermärkischen Landesbahnen haben mit der Beschaffung von ursprünglich vier Dieseltriebwagen für die schmalspurige Murtalbahn die ÖBB mächtig unter Zugzwang gebracht. Der Erfolg der im Einmannbetrieb einsetzbaren Fahrzeuge hat sich sehr rasch gezeigt. Nach Probefahrten mit den Murtalbahn-Triebwagen auf dem ÖBB-Netz wurde ein Erstauftrag erteilt, dem weitere zwei Baulose folgten. Zwischen 1986 und 1995 wurden insgesamt 17 Triebwagen der Reihe 5090 beschafft und auf die Zugförderungsstellen Zell am See, Waidhofen an der Ybbs, St. Pölten und Gmünd aufgeteilt. Nachdem die SLB die 5090.001 bis 006 im Jahr 2008 von den ÖBB übernommen haben, wurden die anderen elf Fahrzeuge zum Fahrplanjahr 2011 an die NÖVOG übertragen. Die Triebwagen sind auf drei Bahnstrecken im Einsatz. Die Fahrzeuge der Citybahn Waidhofen an der Ybbs erhielten eine sehr farbenfrohe Lackierung mit entsprechenden Anschriften. Ähnliches erfuhren die Waldviertler Triebwagen, denen der neue Eigentümer eine Neulackierung in den Farben Gold, Perldunkelgrau (Fensterband), Anthrazitgrau (Drehgestelle und Unterteil) und Laubgrün (Schriftzug) spendierte. Der 5090.007 wurde 2014 als VTs 7 an die SLB verkauft und der 5090.016 ein Jahr später zum Arbeitstriebwagen XVT 16 umgestaltet. Den VT 15 veräußerte die NÖVOG 2017 nach einer Hauptuntersuchung mit Neulackierung in Jenbach als VT 137 515 an die Döllnitzbahn.

TECHNISCHE DATEN

Hersteller: BBC, AAB, Adtranz (elektr. Teil); BWS (mechan. Teil)
Lieferung: 1991 – 1995
Indienststellung NÖVOG: 2010
Spurweite: 760 mm
Achsfolge: B'B'
Länge über Puffer: 18.300 mm
Gewicht: 29 t
Achslast: 7,25 t
Höchstgeschwindigkeit: 70 km/h
Leistung: 235 kW
Verwendung/Einsatzgebiet: Regionalverkehr auf den Schmalspurbahnen der NÖVOG
Außerdienststellung: –

Die NÖVOG gestaltete den 5090.016 in ein Hilfszugfahrzeug mit Ausladestellen für Werkzeug um (Laubenbachmühle, 23. Juli 2017).

NÖVOG

XVT 16 (ex 5090.016)

TECHNISCHE DATEN

Hersteller: BBC, AAB, Adtranz (elektr. Teil); BWS (mechan. Teil)
Lieferung: 1995
Umbau: 2015
Spurweite: 760 mm
Achsfolge: B' B'
Länge über Puffer: 18.300 mm
Gewicht: 29 t
Achslast: 7,25 t
Höchstgeschwindigkeit: 70 km/h
Leistung: 235 kW
Verwendung/Einsatzgebiet: Hilfszugfahrzeug
Außerdienststellung: –

Die ÖBB haben im ersten Jahrzehnt der 2000er-Jahre den Rückzug aus dem kompletten Schmalspurnetz vollzogen. Was nicht „mutwillig" zerstört werden konnte, ist als abgewirtschaftete Substanz an die betreffenden Bundesländer abgetreten worden. Der Blick auf die Pinzgaubahn beweist, was man aus einer solchen Bahnlinie herausholen kann, aber auch in Niederösterreich war man sich bewusst, dass die Mariazellerbahn ein technisches Kleinod ist. Das Streckennetz im Waldviertel nahm touristische Zwänge wahr, und was im Ybbstal passiert ist, ist unter Zutun der hiesigen Politik eher als Kriminalfall anzusehen. Jedenfalls übernahm die NÖVOG auch ein marodes Netz und das vorhandene Fahrzeugmaterial. Für den Personenverkehr wurden neue Fahrzeuge beschafft, bei den Arbeitsfahrzeugen ging man andere Wege. Das übernommene ÖBB-Rollmaterial war teilweise nicht mehr zeitgemäß. Dies führte zur Abgabe von überzähligen Fahrzeugen und zur Umgestaltung eines 5090 zum fahrleitungsunabhängigen Hilfszugwagen, der als XVT 16 im Einsatz steht. Eine Wagenhälfte wurde beim Umbau entkernt und hier eine Werkstätte eingebaut. Um schweres Gerät ein- und ausladen zu können, wurden in die Seitenwand zwei mit Rollbalken verschließbare Türen eingeschnitten.

Der Turmwagen OB 11 präsentierte sich am 23. Juli 2017 im Betriebszentrum Laubenbachmühle noch in der alten ÖBB-Farbgebung.

NÖVOG

OB 11 und OB 12 (ex ÖBB X532/s)

Die Mariazellerbahn wurde infolge des großen Ansturms an Pilgern und Touristen sowie zur besseren Abwicklung des Güterverkehrs schon wenige Jahre nach der Betriebsaufnahme elektrifiziert. Anfang der 1960er-Jahre stand eine Erneuerung der Bahndienstfahrzeuge auf dem Netz der Mariazellerbahn an. Die ÖBB haben daher die Beschaffung entsprechender Fahrzeuge veranlasst. Die Firmen Tobisch (mechanischer Teil) und BBC (elektrischer Teil) lieferten zwei speziell für die Erfordernisse der Mariazellerbahn konzipierte Turmwagen, die sich aus der Grundbauform des normalspurigen X 532 der ÖBB ableiten. Das Fahrzeug (Untergestell und Kastenaufbau) stellt eine aus Formstahl und Blechen geschweißte Konstruktion dar, die mittels Blattfedern auf zwei angetriebenen Achsen gelagert ist. Über den kleinen Vorbau gelangt man zur hydraulischen Hebebühne, deren Geländer aufgrund der Profilsituation (Fahrleitungshöhe 3,9 m über SOK) umgelegt werden kann. Ein Scherenstromabnehmer ist vor der Hebebühne montiert. Die dieselelektrische Anlage besteht aus dem Motor JW 100 und einem 70-kW-Generator, angetrieben werden beide Achsen in Tatzlagerbauart. Die ÖBB haben die Turmwagen als X 532/s.01 und 02 bezeichnet. Im Jahr 2010 sind diese an die NÖVOG übergeben worden, dort tragen sie die Betriebsnummern OB 11 und 12.

TECHNISCHE DATEN

Hersteller: Tobisch (elektr. Teil); BBC (mechan. Teil)
Lieferung: 1964
Indienststellung NÖVOG: 2010
Spurweite: 760 mm
Achsfolge: Bo
Länge über Puffer: 7.860 mm
Gewicht: 15 t
Achslast: 7,5 t
Höchstgeschwindigkeit: 45 km/h
Leistung: 66 kW
Verwendung/Einsatzgebiet: Hilfszugfahrzeug
Außerdienststellung: –

Bei der dunkelblau lackierten 2064.403 der Regiobahn handelt es sich um die frühere V 83 der WLB. Am 8. Oktober 2020 versah sie Verschubdienst in Mistelbach.

Regiobahn

2064.403

TECHNISCHE DATEN

Hersteller: Jenbacher Werke
Lieferung: 1980
Indienststellung Regiobahn: 2020
Spurweite: 1.435 mm
Achsfolge: C dh
Länge über Puffer: 9.600 mm
Gewicht: 54 t
Achslast: 18 t
Höchstgeschwindigkeit: 35 bzw. 60 km/h
Leistung: 442 kW
Verwendung/Einsatzgebiet: Verschubeinsatz
Außerdienststellung: –

Die Regiobahn ist ein in Mistelbach ansässiger Verein, der in den letzten Jahren mehrere gebrauchte Triebfahrzeuge erworben hat und auch Eisenbahnverkehrsleistungen erbringt. Das Unternehmen transportiert unter anderen Schlackezüge zwischen Moosbierbaum und Mistelbach. Für die Verschubarbeiten in Mistelbach Lokalbahnhof wurde im Frühjahr 2020 von den Wiener Lokalbahnen die Diesellok V 83 übernommen. Bei der V 83 handelt es sich um eine im Jahr 1980 von den Jenbacher Werken gefertigte Lokomotive des Typs CH 600 C 52. Bereits vier Jahre zuvor erwarben die WLB mit der V 82 eine baugleiche Lok, die aber schon Ende 2005 an die VOEST bzw. CargoServ verkauft wurde. Die V 83 ist eine Starrrahmenlok mit Mittelführerhaus und beidseitig halbhohen Vorbauten samt Umlaufstegen. Im längeren Vorbau ist die Antriebsanlage (wassergekühlter Zweitakt-Dieselmotor mit Voith-Turbowendegetriebe) unterbracht, im hinteren befinden sich die Hilfsbetriebe und die Seitenkühleranlage. Die Abstützung der Rollenachslager erfolgt über Schraubenfedern mit parallelen Stoßdämpfern, die den Rahmen und das darauf verschweißte Führerhaus bzw. die fest verschraubten Vorbauten tragen. Für den Verschubbetrieb sind an den Rahmenenden jeweils Verschiebernischen mit Haltegriffen ausgebildet.

Die RTS-Loks 1216.903, 1216.901 und 2016.906 waren am 4. Juni 2015 an der Spitze eines Stahlcoil-Zuges bei Frankenmarkt zu sehen.

RTS

1216.901 bis 903

Das Bauunternehmen Swietelsky AG gründete im September 2004 zur Abwicklung der Baustellenlogistik auf der Schiene das Eisenbahnverkehrsunternehmen RTS Rail Transport Service GmbH mit Sitz in Graz und einer Filiale in Fischamend, wo sich der gesamte Fuhrpark befindet. Ende Dezember 2006 hat RTS bei Siemens als erste Elektrolokomotiven zwei fabrikneue Exemplare der Reihe 1216 in der Variante B1 geordert, die als A-RTS 91 81 1216 901-9 und 902-7 abgeliefert wurden. Im Juni 2011 folgte die 1216.903-5, in der Ausführung als Variante D, die 901 und 902 wurden in die Varianten C bzw. D modifiziert. Die Ablieferung der Loks erfolgte in den Firmenfarben von RTS in orange/silberner Lackierung mit entsprechenden Logos bzw. Firmenschriftzügen. Ab dem Frühjahr 2016 waren alle drei Maschinen an die ÖBB vermietet und fuhren im Güterverkehr von Villach aus nach Slowenien. Die 1216.901 mit der ETCS-Ausrüstung kehrte nach wenigen Tagen zurück, die beiden anderen waren bis Ende Februar 2019 im ÖBB-Einsatz. RTS verkaufte im September 2019 die 1216.902 und 903 an die Tschechische Eisenbahn (ČD). Nach einer Ausbesserung im ÖBB-TS-Werk Linz bespannen sie gemeinsam mit den ehemaligen WLC-1216 EC-Züge zwischen Polen und Österreich.

TECHNISCHE DATEN

Hersteller: Siemens
Lieferung/Indienststellung: 2007, 2011
Spurweite: 1.435 mm
Achsfolge: Bo'Bo'
Länge über Puffer: 19.580 mm
Gewicht: 87 t
Achslast: 21,75 t
Höchstgeschwindigkeit: 230 km/h
Leistung: 6.400 kW
Stromsystem: 15 kV/16,7 Hz und 25 kV/50 Hz Wechselstrom; 3.000 V Gleichstrom
Verwendung/Einsatzgebiet: Baustellenlogistik
Außerdienststellung: –

Die orange/silberne 2016.907 war am 2. Oktober 2012 als Lokzug auf der Außerfernbahn bei Lähn zu sehen.

RTS

2016.905 bis 908

TECHNISCHE DATEN

- Hersteller: Siemens
- Lieferung/Indienststellung: 2007, 2009, 2011
- Spurweite: 1.435 mm
- Achsfolge: Bo'Bo'
- Länge über Puffer: 19.275 mm
- Gewicht: 80 t
- Achslast: 20 t
- Höchstgeschwindigkeit: 140 km/h
- Leistung: 2.000 kW
- Verwendung/Einsatzgebiet: Güterzüge, Baustellenlogistik
- Außerdienststellung: –

RTS hat für die Baustellenverkehre und zur Abwicklung der Baustellenlogistik von den ÖBB zunächst gebrauchte Diesellokomotiven der Reihe 2143 über einen Zwischenhändler in Rumänien bezogen. Die 2143 erhielten dort eine Aufarbeitung, selbst Klimaanlagen wurden in die mittlerweile 30 bis 35 Jahre alten Maschinen eingebaut; sie waren aber trotzdem nicht mehr zeitgemäß. Darüber hinaus hat RTS von Siemens-Dispolok mehrere EuroRunner 20 gemietet. Die Vorzüge dieser Universallokomotive führte zur Bestellung einer 2016. Die 2016.905 wurde am 26. Juni 2007 als A-RTS 92 81 2016 905-9 geliefert. Zwei weitere Maschinen kamen 2009 als 2016.906 und 907 zur RTS. Die Beschaffung eines vierten Exemplars erfolgte 2011. Diese Maschine stammte aus der Neustrelitzer Lagerproduktion und war in der typischen weißen Farbgebung gehalten. Erst später wurde sie in die Firmenfarbgebung umgestaltet. Alle vier Loks werden von RTS bei Baustelleneinsätzen im In- und Ausland verwendet, manchmal werden mit den 2016 auch Baufahrzeuge überstellt oder Materialtransporte durchgeführt. Die vier Maschinen sind baugleich mit den LTE-Loks, d.h. sie besitzen einen vergrößerten Tankinhalt und keine Zugheizanlage.

Im Bahnhof Wartberg im Mürztal wurde am 2. Februar 2021 dieses Typenbild der orange/silbernen 247.902 von RTS gemacht.

RTS

247.902 und 903

Obwohl nur neun Exemplare des Diesel-Vectrons gebaut wurden, sind neben dem Einzelstück 247.905 bei Stern & Hafferl zwei weitere zur RTS gekommen. Die Kaufverhandlungen wurden gegen Ende 2018 geführt, die Übergabe der 247.902 fand am 29. Mai 2019 statt, am 27. Juni 2019 folgte die 247.903. Beide Loks wurden in Eferding übergeben. Der Kauf der beiden Diesel-Vectrons ist vor dem Hintergrund des Hauptgeschäfts von RTS Rail im Bahnbaubereich gemeinsam mit dem Mutterkonzern Swietelsky AG zu sehen. Da die Lokomotiven für die Länder Deutschland und Österreich zugelassen sind, werden diese auch in beiden Ländern eingesetzt. Die Wartung erfolgt in nahegelegenen Werkstätten, idealerweise im eigenen Bauhof in Fischamend. Beide Maschinen sind ohne Einschränkungen im Streckendienst einsetzbar. Dies ermöglicht insbesondere Überstellfahrten von Großbahnbaumaschinen und den Transport von Schotter, Schwellen und Schienen zu den jeweiligen Baustellen in Deutschland und Österreich. Da die 247.902 als Präsentationslok an andere EVUs vermietet war, wurde diese bereits in der orange/silbernen Lackierung an RTS übergeben. Die 247.903 war bei der Übergabe weiß lackiert und trug die Firmenanschriften RTS und Swietelsky, ehe eine Neugestaltung folgte.

TECHNISCHE DATEN

Hersteller: Siemens
Lieferung: 2015
Indienststellung RTS: 2019
Spurweite: 1.435 mm
Achsfolge: Bo' Bo' de
Länge über Puffer: 19.980 mm
Gewicht: 82 t
Achslast: 20,5 t
Höchstgeschwindigkeit: 160 km/h
Leistung: 2.400 kW
Verwendung/Einsatzgebiet: Baustellenverkehr
Außerdienststellung: –

Alte und neue Farbgebung nebeneinander: Links die V 100.54 in SLB-Farben und rechts die neu lackierte V 100.53 (bei Tecsol in Krieglach, 20. Oktober 2020).

S-Rail

V 100.51 bis 54

TECHNISCHE DATEN

Hersteller: Krupp, MaK, KHD
Lieferung: 1962 – 1965
Indienststellung S-Rail: 2020
Spurweite: 1.435 mm
Achsfolge: B'B'
Länge über Puffer: 12.100 mm
Gewicht: 62 t
Achslast: 15,5 t
Höchstgeschwindigkeit: 100 km/h
Leistung: 810 kW
Verwendung/Einsatzgebiet: Lokaler Güterzugeinsatz
Außerdienststellung: –

Die Salzburger Lokalbahnen haben in den vergangenen Jahren eine Neuausrichtung ihrer Geschäftsfelder betrieben und beschlossen, sich gänzlich aus dem lokalen Güterzuggeschäft zurückzuziehen. Das bedeutete nicht nur die Einstellung des Güterverkehrs auf der Lokalbahnstrecke in den Flachgau, sondern auch die Einstellung des Kaindl-Zuges, die Bedienung der Anschlussbahnen in Hallein und auch die Aufgabe der Betriebsführerschaft der Salzburger Stieglbahn. Die Anschlussbahn der Brauerei Stiegl besteht seit dem 1. Januar 1977 und ging zum 1. Januar 2021 an die private Salzburger Eisenbahn Transport Logistik GmbH (SETG), die am Eisenbahnmarkt auch als S-Rail auftritt. Die SETG übernahm neben der Infrastruktur auch die Betriebsführerschaft und hat aus diesem Grunde mehrere überzählige Diesellokomotiven u. a. von der SLB erworben. Bereits im Firmeneigentum befanden sich die V 100.51 (ex DB 211 237) sowie die V 100.52 (ex DB 211 308), die von RailDesign Bäcker in Siegen in den SETG-Farben lackiert wurde. Am 15. Januar 2020 kaufte die SETG die V 84 und V 85 von der SLB, die als V 100.53 und V 100.54 auf den Anschlussbahnen in Salzburg und Hallein eingesetzt werden. Ihre Umgestaltung und Anpassung erfolgte bei Tecsol in Krieglach.

Salzkammergutbahn (SKGB)

Dampflokomotiven Z 1 bis Z 4 und Z 6

Das Salzkammergut galt schon in der Zeit der Habsburger Monarchie als eine äußerst beliebte Tourismusregion, begünstigt durch die Sommerfrische des Monarchen. Am westlichen Rand befindet sich der 1.783 m hohe Schafberg in der Grenzregion der Bundesländer Oberösterreich und Salzburg, der einen Ausblick auf gleich acht Seen ermöglicht. Der Schafberg ist deshalb ein beliebtes Ausflugsziel. Im ausgehenden 19. Jahrhundert entstand dort die letzte in Österreich gebaute Zahnradbahn. Sie ist 5,85 km lang und wurde 1893 eröffnet. Für den Betrieb wurden bei Krauss in Linz sechs Dampflokomotiven beschafft, die sich gegenüber jenen der Schneebergbahn nur durch eine andere Kesselneigung (160 ‰) unterscheiden. Die Salzburg AG hat im Jahre 2006 die Schafbergbahn samt der Schifffahrt auf dem Wolfgangsee von den ÖBB übernommen. Die verbliebenen Original-Dampflokomotiven (999.101 – 104, 106) wurden daraufhin in den Ablieferungszustand versetzt und kamen während der Sommersaison vor dem historischen Dampfzug zum Einsatz. Die blaue 999.105 wurde 1996 an das Technische Museum in Wien verkauft, war im Eisenbahnmuseum Straßhof untergestellt, kehrte 2007 als Leihgabe nach St. Wolfgang zurück und kann heute im Freigelände des Hans-Peter Porsche Traumwerk in Anger besichtigt werden. Die Z 2, Z 3 und die Z 5 sind museal abgestellt. Die Z 3 steht als Exponat in der Lokwelt Freilassing, die Z 5 in Wien. Die Lokomotiven Z 1 und Z 4 sind einsatzfähig.

TECHNISCHE DATEN

Hersteller: Krauss Linz
Lieferung: 1893
Indienststellung SKGB: 2006
Spurweite: 1.000 mm
Achsfolge: 2 zz 1′ n2t
Länge über Puffer: 5.550 mm
Gewicht: 17,3 t
Achslast: 3,8 t
Höchstgeschwindigkeit: 12 km/h
Verwendung/Einsatzgebiet: Nostalgischer Dampfzugverkehr am Schafberg
Außerdienststellung: –

Der Besucheransturm bei schönem Wetter ermöglicht die Fahrt auf den Schafberg mit einer originalen Dampflok, wie hier am 18. August 2011 mit der Z 4, aufgenommen in St. Wolfgang.

Die Z 13 der SKGB steht samt zweiteiliger Vorstellwagengarnitur in St. Wolfgang zur Abfahrt bereit.

Salzkammergutbahn (SKGB)

Dampflokomotiven Z 11 bis Z 14

TECHNISCHE DATEN

Hersteller: SLM
Lieferung: 1992 – 1996
Indienststellung SKGB: 2006
Spurweite: 1.000 mm
Achsfolge: 2 zz 1' h2t
Länge über Puffer: 6.260 mm
Gewicht: 16,27 t
Achslast: 3,33 t
Höchstgeschwindigkeit: 12 km/h
Verwendung/Einsatzgebiet: Abwicklung des Regelverkehrs
Außerdienststellung: –

Die Schafbergbahn war im Salzkammergut als bewährte Ausflugsbahn und Touristenattraktion nicht mehr wegzudenken, stand aber vor dem Problem, dass das vorhandene Rollmaterial wie die Bahnlinie selbst aus der Gründerzeit stammte und dem 100. Geburtstag entgegensah. Die ÖBB waren als damaliger Betreiber mit zwei unbeherrschbaren Faktoren konfrontiert: Die schwer vorherzusagenden Wetterphasen und die hohen Betriebskosten. Während das Wetter nicht beeinflusst werden kann, liefen die Betriebskosten vorhersehbar aus dem Ruder. Eine neue Entwicklung zeichnete sich in der Schweiz ab. Sogenannte neue Pseudo-Dampflokomotiven mit Ölfeuerung von SLM in Winterthur bändigten wenigstens die unbeherrschbaren Betriebskosten. Die ÖBB beschafften daher 1992 eine solche Dampflok (Betriebsnummer 999.201), die aufgrund ihrer grünen Lackierung den Spitznamen „Quaxi" erhielt. Drei Jahre später folgten die schwarz lackierten 999.202 bis 204, mit denen nun die Hauptlast des oftmals schwankenden Verkehrsangebotes gefahren wurde. Zudem waren die Loks auch zu Schwachlastzeiten (Vor- und Nachsaison) günstig im Betrieb einsetzbar. Nach der Übergabe der Fahrzeuge zum Saisonstart 2006 an die Salzburg AG wurden alle Loks einer Neulackierung in Rubinrot unterzogen. Die neuen Betriebsnummern lauteten Z 11 bis 14.

Die VZ 31 der SKGB war im Zuge ihrer Übernahme am 21. Juni 2013 feierlich geschmückt und präsentierte sich so auch auf der Schafbergspitze.

Salzkammergutbahn (SKGB)

VZ 31 bis VZ 34

Die Niederösterreichische Schneebergbahn GmbH (NÖSBB) orderte 2009 bei Stadler in Bussnang zwei Zahnrad-Diesellokomotiven nach dem System Abt, die Auslieferung fand 2010 statt. Die Lok 15 gelangte bereits am 21. Juni 2010 zur Salzkammergutbahn und wurde dort interimistisch als SKGB VZ 31 bezeichnet. Sie behielt während der Mietdauer ihr „Salamander"-Design. Da sich abzeichnete, dass die SKBG diese Maschine dauerhaft benötigen wird, erfolgte zum 20. Dezember 2012 der Ankauf und anschließend die farbliche Umgestaltung in das heutige Design in rubinroter Farbgebung. Im Rahmen der Feierlichkeiten „120 Jahre Schafbergbahn" wurde die VZ 31 als Neuzugang vorgestellt und feierlich auf den Namen St. Wolfgang getauft. Sie ist die erste Diesellokomotive auf der Schafbergbahn und fand zunächst nur im Bauzugdienst Verwendung, nach der Umgestaltung auch im Ausflugsverkehr. 2014 wurde eine weitere Lok samt Vorstellwagen georder, die seit 2016 als VZ 32 im Dienst steht, gefolgt von der VZ 33 und VZ 34 im Jahr 2020 samt weiterer Vorstellwagen. Die neuen Vorstellwagen fertigte ein Karosseriebauer aus dem Tiroler Unterland.

TECHNISCHE DATEN

Hersteller: Stadler Rail
Lieferung/Indienststellung: 2010, 2016, 2020
Spurweite: 1.000 mm
Achsfolge: B zz dh
Länge über Puffer: 7.732 mm
Gewicht: 18,0 t
Achslast: 9 t
Höchstgeschwindigkeit: 15 km/h
Leistung: 550 kW
Verwendung/Einsatzgebiet: Erhaltungsfahrzeug und Planverkehr
Außerdienststellung: –

VTZ 21 und VTZ 22 (ex 5099 ÖBB)

TECHNISCHE DATEN

Hersteller:
SGP Wien (mechan. Teil)
Lieferung: 1964
Indienststellung SKGB: 2006
Spurweite: 1.000 mm
Achsfolge: 2' B' zz dh*
Länge über Puffer: 14.890 mm
Gewicht: 32,0 t
Achslast: 6,43 t
Höchstgeschwindigkeit:
12 km/h (talwärts)/20 km/h bergwärts
Leistung: 330 kW
Verwendung/Einsatzgebiet:
Abdeckung von Spitzenverkehren
Außerdienststellung: –
*reiner Zahnradantrieb, Spurkranzräder leer mitlaufend

Die ÖBB beschafften Anfang der 1960er-Jahre zur Erneuerung und Aufstockung des Fuhrparks ihrer Zahnradbahnen bei der Simmering-Graz-Pauker AG (SGP) zwei Zahnrad-Dieseltriebwagen. Einer der beiden Triebwagen wurde nach der Ablieferung 1964 probeweise auf der Schneebergbahn eingesetzt und kurz darauf ebenfalls ins Salzkammergut nach St. Wolfgang gebracht. Beide Fahrzeuge waren untrennbar mit der Schafbergbahn verbunden. Sie verfügen über 75 Sitzplätze, die Sitzflächen sind in der Waagerechten geneigt. Die Triebwagen verkehrten ursprünglich nach den Fahrplänen der Dampfloks, nach einigen technischen Adaptierungen fuhren sie dann ab 1969 mit kürzeren Fahrzeiten den Schafberg hinauf. Die ÖBB bezeichneten sie als 5099.01 und 02. Mit dem Verkauf der Schafbergbahn 2006 an die Salzburg AG wechselten sie in das Eigentum der Salzkammergutbahn GmbH (SKGB). Es folgte eine Umlackierung in Rubinrot/Creme und die Umzeichnung in VTZ 21 und 22. Beide Triebwagen erlitten 2012 bzw. 2013 einen Motorschaden. Der VTZ 21 wurde deshalb im September 2014 an die Sammlung Grafenberg veräußert und anschließend nach Hollabrunn überstellt, wo er auf einem Schulareal der HLW Hollabrunn abgestellt ist und im Rahmen des Kreativunterrichtes eine neue Verwendung findet. Der VTZ 22 wurde im TS-Werk St. Pölten einer Aufarbeitung unterzogen und steht bei der SKGB weiterhin als Verstärkungsfahrzeug in Verwendung.

Der VTZ 22 dient als Verstärkerfahrzeug auf der Schafbergbahn und war am 20. September 2014 als Einschubfahrt in der Kreuzungsstation Schafberg-Alpe anzutreffen.

Salzburger Lokalbahn (SLB)

Dampflokomotiven Ds 03 und Ds 10

Die Niederösterreichische Landesbahn (NÖLB) errichtete zwischen 1898 bis 1907 die Mariazellerbahn. Die eingesetzten Loks stießen rasch an ihre Kapazitätsgrenzen, weshalb 1906 vier Dampflokomotiven mit Stütztender der Reihe Mh (spätere ÖBB-Reihe 399) und zwei der Reihe Mv (ÖBB-Reihe 299) beschafft wurden, denen zwei Jahre später weitere zwei Mh folgten. Nach der Elektrifizierung der Mariazellerbahn gelangten die Dampfloks ins Waldviertel und wurden dort bis zum Ausscheiden in den 1990er-Jahren im Planbetrieb eingesetzt. Anschließend gelangten diese in den Nostalgiebestand der ÖBB oder wurden verkauft. Die 399.01 befand sich im Pinzgau, die 399.02 im Ybbstal, die 399.03 und 04 verblieben in Gmünd. Die 399.06 war für die Mariazellerbahn bereits mustergültig als Mh.6 restauriert worden und in Ober Grafendorf stationiert. Im Zuge der Streckenübergabe der Krimmler Bahn an die SLB kam es zu verschiedenen Fahrzeugrochaden, im Rahmen eines Fahrzeugtauschs wechselte die 399.03 in den Pinzgau. Die Lokomotive – SLB-intern als Ds 03 bezeichnet – trägt jetzt die historische Bezeichnung Mh.3 und wird vor den Nostalgiezügen eingesetzt. Am 26. Juni 2014 kam die 399.02 als Ersatzteilspender zur SLB. Intern wird sie als Ds 10 geführt, ihr Torso ist in Tischlerhäusl zu besichtigen.

TECHNISCHE DATEN

Hersteller: Krauss Linz
Lieferung: 1906
Indienststellung SLB: 2008, 2014*
Spurweite: 760 mm
Achsfolge: D 2' h2t
Länge über Puffer: 11.600 mm
Gewicht: 45,1 t
Achslast: 7,5 t
Höchstgeschwindigkeit: 40 km/h
Verwendung/Einsatzgebiet: Pinzgaubahn
Außerdienststellung: –
* Ds 10 (399.02), abgestellt

Die 399.03 verkehrt jetzt als Mh.3 der SLB und steht am 13. September 2015 vor dem Lokschuppen in Krimml zum Aufrüsten bereit.

Vor dem Heizhaus in Krimml stehen am 18. Dezember 2014 die Uh.7 (ehemalige 498.07) und die langfristig angemietete Lok 2 der Zillertalbahn, bezeichnet als U.2.

Salzburger Lokalbahn (SLB)

Dampflokomotive Ds 07

(ex 498.07)

TECHNISCHE DATEN

Hersteller: Floridsdorf
Lieferung: 1931
Indienststellung SLB: 2008
Spurweite: 760 mm
Achsfolge: C 1' h2t
Länge über Puffer: 8.020 mm
Gewicht: 28,1 t
Achslast: 7,1 t
Höchstgeschwindigkeit: 40 km/h
Verwendung/Einsatzgebiet: Pinzgaubahn
Außerdienststellung: –

Als Weiterentwicklung der Reihe U entstanden insgesamt acht Lokomotiven in Heißdampfausführung als neue Reihe Uh, die die BBÖ zwischen 1928 und 1931 in Dienst stellten. Sie wurden als Uh.1 bis Uh.6 sowie Uh.101 und Uh.102 bezeichnet und weisen einige Unterschiede auf. Die Uh.1 bis Uh.6 wurden mit Ausnahme der Uh.4 mit einer Heusinger-Steuerung ausgeliefert, die Uh.4 erhielt ab Werk eine Caprotti-Steuerung und die Uh.101 und Uh.102 eine Lentz-Ventilsteuerung. Auffallend ist der höher liegende Kessel, der dieser Dampflokomotivtype ein äußerst bulliges Aussehen verleiht. Alle acht Maschinen gelangten nach 1938 in den Bestand der Deutschen Reichsbahn und kamen nach 1945 zur ÖBB, die diese ab 1953 als Reihe 498 bezeichneten. Die 498.07 wurde nach ihrer Ausmusterung bei der ESV-Gartenanlage in Ober Grafendorf als Denkmallok aufgestellt und im Zuge der Streckenaufteilung per 1. Juli 2008 als alte „Pinzgauerin" Ende November 2008 wieder in die alte Heimat überführt. Sie wird intern als Ds 07 geführt und trägt die Loknummer Uh 7 der SLB. Sie ist nicht betriebsfähig in der Remise Krimml hinterstellt, wo sie ab der Indienststellung bis 1945 im Einsatz war.

Die Schlepptender-Lok 169 der BHStB alias JZ 73-019 des Clubs 760 setzt am 11. Juli 2015 in Krimml um.

Salzburger Lokalbahn (SLB)

Dampflokomotive JZ 73-019

Dass die Schlepptender-Lokomotive Nr. 169 der ehemaligen Bosnisch-Herzegowinischen Landesbahnen (Reihe IIIb5 der BHStB) heute im Pinzgau Sonderzüge befördert, geht auf ein Gemeinschaftsprojekt des Landes Salzburg, des Clubs 760 und der Salzburg AG zurück. August Zopf setzte sich frühzeitig das Ziel, möglichst viele wertvolle Exponate verschiedener Dampflokbauarten mit regionalem Bezug der Nachwelt zu erhalten. Da sich die bisher eingesetzte Mh.3 aufgrund der bauartbedingten Höchstgeschwindigkeit als betrieblicher Hemmschuh erwies, war man auf der Suche nach einer Alternative, die man in der 1982 erworbenen und im Museum Frojach abgestellten 60 km/h schnellen Schnellzuglokomotive fand. Nach zwei öffentlichen Auftritten in Ober-Grafendorf (1989) und in Knittelfeld (1999) wurde sie zehn Jahre später zur betriebsfähigen Aufarbeitung nach České Velenice überstellt, wo sie mit einem Neubaukessel der Firma Tschuda aus Graz ausgerüstet wurde. Nach fünfjähriger Arbeit kam die Lok nach Zell am See, wo sie für die langfristige Vermietung für den Dampfzugbetrieb im Pinzgau vorbereitet wurde. Sie wird seit 2015 abwechselnd zur Mh.3 eingesetzt. Die 73-019 der JZ war zuletzt auf der Steinbeisbahn im Einsatz und entstammt einer Serie von 23 Lokomotiven, die zwischen 1907 und 1913 von Krauss/Linz und MÁVAG gebaut wurden und eine indizierte Leistung von 360 PS aufweisen.

TECHNISCHE DATEN

Hersteller: MÁVAG, Budapest
Lieferung: 1913
Indienststellung SLB: 2015
Spurweite: 760 mm
Achsfolge: 1' C 1' h2
Länge über Puffer: 13.129 mm
Gewicht: 30,58 t
Achslast: 6,1 t
Höchstgeschwindigkeit: 60 km/h
Verwendung/Einsatzgebiet: Pinzgaubahn
Außerdienststellung: –

Die kleine Verschublokomotive wird gerne für kurze und leichte Sonderzuge verwendet. Am 8. September 2002 war die E 11 mit drei Spantenwagen der ÖGEG unterwegs.

Salzburger Lokalbahn (SLB)

E 11

TECHNISCHE DATEN

Hersteller: AEG
Lieferung: 1913
Indienststellung SLB: 1981
Spurweite: 1.435 mm
Achsfolge: Bo
Länge über Puffer: 6.250 mm
Gewicht: 23 t
Achslast: 11,5 t
Höchstgeschwindigkeit: 30 km/h
Leistung: 150 kW
Stromsystem: 1000 V Gleichstrom
Verwendung/Einsatzgebiet: Verschubarbeiten in Salzburg-Itzling
Außerdienststellung: –

Diese zweiachsige Verschublokomotive kann auf eine bewegte Geschichte zurückblicken. Die heutige E 11 wurde 1913 für eine Kleinbahn am Rhein gebaut und gelangte im August 1981 im Rahmen eines Tauschgeschäfts von der Stadt Monheim nach Salzburg, wo sie in der eigenen Werkstätte einer Revision unterzogen wurde. Sie ersetzte die verunfallte Verschublok E 12. Die zierliche Maschine trägt am Dach einen Vollscherenstromabnehmer. Für die Verschubarbeiten sind normale Zug- und Stoßvorrichtungen montiert. Zwei Wechselstrommotoren sorgen für den Antrieb, die Steuerung erfolgt über ein 17-stufiges Nockenschaltwerk. Mit der geringen Leistung von nur 150 kW eignet sich das „Verschubbockerl" nur für leichte Aufgaben im Netz der Salzburger Lokalbahn (SLB), wie den Transport von Bauzügen oder Verschubarbeiten im Bahnhof Salzburg-Itzling. Mit der Aufnahme des Betriebs der Berchtesgadener Land Bahn (BLB) wurde die E 11 mit einer Übergangskupplung zum Rangieren der Flirt-Triebwagen 427.130 bis 134 ausgestattet. Die E 11 wird auch für Sonderfahrten in den Flachgau verwendet.

Die E 62 wurde am 30. September 2006 mit dem Beiwagen 301 als Zug 30 bei Ziegelhaiden im Bild festgehalten.

Salzburger Lokalbahn (SLB)

E 61 bis E 64

Im Jahr 1952 stellten zwei Privatbahnen insgesamt vier vierachsige Drehgestelllokomotiven in Dienst. Die Salzburger Verkehrsbetriebe (SVB) erhielten die E 60.01 und 02 (spätere E 61 und E 62). Zwei sehr ähnliche Maschinen mit geänderter Ausführung des elektrischen Teils gelangten als E 27 001 und 002 zur SAKOG, die den Streckenabschnitt Bürmoos – Trimmelkam betrieben. Die E 27 002 gelangte 1974 als E 60.03 (spätere E 63) zur SVB. Nachdem die Strecke Bürmoos – Trimmelkam an Stern & Hafferl überantwortet wurde, kam 1994 auch die E 27.001 zur SVB (als E 64). Der Antrieb der Mittelführerstandsloks erfolgt durch vier selbstbelüftete Tatzlagermotoren. Eine elektropneumatische Schützensteuerung mit 17 Fahrstufen dient der Ansteuerung. Die E 63 wurde im elektrischen Teil 1991 an die beiden Vorgängermaschinen angepasst (Einbau der BBC-Motoren vom ET 31). Die E 61 – E 63 fanden nun in Vielfachsteuerung vor allem im schweren Güterverkehr Verwendung. Die erst 1994 übernommene E 64 befindet sich im Urzustand und kann aufgrund ihrer ELIN-Motoren nur für Solofahrten herangezogen werden. Ihr Tätigkeitsfeld ist der Bauzugdienst bzw. der Fahrverschub.

TECHNISCHE DATEN

Hersteller:
SGP Graz/Siemens, Elin
Lieferung/Indienststellung:
1952
Spurweite: 1.435 mm
Achsfolge: Bo' Bo'
Länge über Puffer: 11.900 mm
Gewicht: 46 t/44,8 t*
Achslast: 11,5 t/11,2 t*
Höchstgeschwindigkeit:
60 km/h (50 km/h)
Leistung: 380 kW (264 kW*)
Stromsystem:
1000 V Gleichstrom
Verwendung/Einsatzgebiet:
Güterverkehr, Fahrverschub und Bauzugdienst
Außerdienststellung: –
* E 64

Die E 71 beförderte am 7. September 2006 bei Riedersbach einen Güterzug mit leeren Waggons nach Salzburg.

Salzburger Lokalbahn (SLB)

E 71

TECHNISCHE DATEN

Hersteller: Knotz/AEG und BBC
Lieferung/Indienststellung: 1986
Spurweite: 1.435 mm
Achsfolge: Bo' Bo'
Länge über Puffer: 12.960 mm
Gewicht: 73,3 t
Achslast: 18,3 t
Höchstgeschwindigkeit: 60 km/h
Leistung: 600 kW
Stromsystem: 1000 V Gleichstrom
Verwendung/Einsatzgebiet: Güterverkehr
Außerdienststellung: –

Für den schweren Güter- und Verschubverkehr beschafften die Salzburger Verkehrsbetriebe 1986 als letztgebaute Lokomotive der Firma Knotz die E 71. Die Anschaffung des umgerechnet rund 1,425 Mio. Euro teuren Unikats war notwendig, um im dichten Regionalverkehr eine leistungsstarke Lokomotive für die Kohlezüge zum kalorischen Kraftwerk Riedersbach zur Verfügung zu haben. Die E 71 wurde Ende September 1986 fertiggestellt und dem Planbetrieb übergeben. Mit ihren Leistungsparametern ist sie in der Lage, ungefähr die doppelte Anhängelast gegenüber den Altbautypen E 61 bis E 64 zu transportieren. In Zahlen: Eine Anhängelast von 1.100 t in der Ebene bzw. 550 t auf einer Steigung von 23 ‰. Das Bremssystem der E 71 besteht aus einer elektrischen Nutzbremse, die bis zu 20 % der Traktionsenergie zurückspeist, sowie einer mehrlösigen, selbsttätigen, indirekten sowie direkten Druckluftbremse. Die E 71 verfügt über eine Choppersteuerung mit GTOs und eine Vielfachsteuerung. Sie erhielt eine Lackierung in Rot und Beige, der Rahmen und das Fahrgestell waren dunkelgrau lackiert. Die Umlackierung in das aktuelle SLB-Design in Rubinrot mit weißem Zierspritz erfolgte zum Jahresende 2005.

Die V 82 wurde nach der Übernahme durch die SLB rubinrot lackiert. Sie ist als Verschublok entweder in Hallein oder auf der Stiegl-Bräu-Anschlussbahn (Foto vom 14. November 2009) tätig.

Salzburger Lokalbahn (SLB)

V 82

Im Produktportfolio der Jenbacher Werke befand sich neben den Verschublokomotiven mit dieselhydraulicher Kraftübertragung der ÖBB-Reihen 2060 und 2062 (DH 200 bzw. DH 400) auch eine dreiachsige Ausführung (DH 600) mit einer Leistung von 600 PS. Diese Type war nicht nur im Linzer Hafen eingesetzt und gelangte später als Reihe 2064 zu den ÖBB, sondern wurde auch von den Wiener Lokalbahnen erworben, die ihre als V 80 bezeichnete DH 600 im Jahr 1962 in Dienst stellten. Zwei weitere, ähnliche Lokomotiven folgten in den Jahren 1976 und 1980. Nachdem die WLB ehemalige DR-V 100 erworben hatten, konnte die SLB im Januar 2002 die V 80 der WLB als V 82 übernehmen. Sie wurde in die Hausfarben der SLB umlackiert und ist seit dem 2. Mai 2002 auf der MDF-Werksbahn in Hallein im Einsatz. Die Lok ist als Einrahmentriebfahrzeug konzipiert, verfügt über einen Explosionsschutz und ist mit den heute üblichen Sicherheitseinrichtungen, z. B. Sifa, ausgestattet. 2011 erfolgte die Nachrüstung mit Indusi PZB 90. Für das Befahren von engen Radien ist die mittlere Achse seitenverschiebbar ausgeführt. Zeitweise besaß die V 82 eine automatische Rangierkupplung.

TECHNISCHE DATEN

Hersteller: Jenbacher
Lieferung: 1962
Indienststellung SLB: 2002
Spurweite: 1.435 mm
Achsfolge: C dh
Länge über Puffer: 10.500 mm
Gewicht: 45 t
Achslast: 15 t
Höchstgeschwindigkeit: 60 km/h (Rangiergang 30 km/h)
Leistung: 441 kW
Verwendung/Einsatzgebiet: Verschubarbeiten in Hallein
Außerdienststellung: –

V 84 und V 83 der SLB auf einer Überstellungsfahrt auf der Westbahn bei Pöndorf (12. Mai 2018).

Salzburger Lokalbahn (SLB)

V 83, V 86 und V 87

TECHNISCHE DATEN

Hersteller: Krupp, MaK, KHD
Lieferung: 1962
Indienststellung SLB: 2002 – 2008
Spurweite: 1.435 mm
Achsfolge: B' B'
Länge über Puffer: 12.100 mm
Gewicht: 62 t
Achslast: 15,5 t
Höchstgeschwindigkeit: 100 km/h
Leistung: 810 kW
Verwendung/Einsatzgebiet: Lokaler Güterzugeinsatz
Außerdienststellung: –

Die Deutsche Bundesbahn nahm zu Beginn der 1960er-Jahre neue Drehgestell-Diesellokomotiven der Baureihe V 100 mit hydraulischer Kraftübertragung in Betrieb, die in großer Stückzahl beschafft wurden. Die DB stellte ab Ende der 1980er-Jahre eine Vielzahl dieser Maschinen mangels Bedarfs außer Dienst und veräußerte diese an verschiedene Zwischenhändler. Der kurzfristige Bedarf der ÖBB an solchen Streckendieselloks führte zwischen 2001 und 2004 zur Übernahme von 34 neu motorisierten V 100 als ÖBB-Reihe 2048. Sie waren gut zehn Jahre in Betrieb. Nach der Beschaffung der Reihe 2070 schieden sie aus dem Bestand und wurden wegen des guten Gesamtzustandes weiterverkauft. Fünf dieser ehemaligen V 100 gelangten auf unterschiedlichen Wegen zur SLB. Die Loks befinden sich im technischen Letztzustand der ÖBB-Ausführung, äußerlich erhielten die Maschinen nur eine Neulackierung in rubinroter Farbgebung mit Zierspitz. Die SLB-Maschinen wurden nachträglich mit einer Vielfachsteuerung zwecks Einmannbedienung im Güterverkehr ausgestattet. Der Rückzug der SLB aus dem lokalen Güterverkehr führte zur Reduzierung des Bestands. Die V 84 und V 85 (ex 2048.002 und 003) wurden per 15. Januar 2020 an die Salzburger Eisenbahn Transportlogistik Gesellschaft (SETG) verkauft.

Die Heeresfeldbahn-Lok Vs 51 findet bei der SLB weiterhin Verwendung: Vs 51 am 24. Mai 2014 im Betriebszentrum Tischlerhäusl.

Salzburger Lokalbahn (SLB)

Vs 51 (ex ÖBB-2092)

Nach dem Zweiten Weltkrieg wurden nach der Einstellung der Kriegshandlungen 1945 zahlreiche Lokomotiven aus dem Bestand der Heeresfeldbahnen aufgefunden, darunter auch zahlreiche Kriegsmotorloks KML3 des Typs HF 130 C. Diese Lokomotiven zeichnen sich durch den charakteristischen Aufbau mit Endführerstand, schmalem Motorvorbau und Umlaufblechen aus, wobei sich der Rahmen über Blattfedern auf den Radsätzen abstützt. Von den mehr als 350 gebauten Maschinen verblieben elf reparaturfähige Exemplare mit einer Spurweite von 750 mm in Österreich. Die amerikanische Besatzungsmacht fand vier abgestellte KML3 auf der Steyrtalbahn vor und übergab sie an die ÖBB. Hinter der Vs 51 der Salzburger Lokalbahn verbirgt sich die einstige ÖBB-2092.(0)02 bzw. die Motorlok M13955 der Deutschen Wehrmacht, die im Zuge des Verkaufs der Pinzgaubahn im Jahre 2008 von den ÖBB an die SLB überging und dort weiterhin unterschiedliche Aufgaben im Bereich der ehemaligen Zugförderungsstelle Tischlerhäusl übernimmt. Die Vs 51 erhielt bei der SLB eine rubinrote Lackierung samt Zierspitz.

TECHNISCHE DATEN
Hersteller: Gmeinder
Lieferung: 1944
Indienststellung SLB: 2008
Spurweite: 760 mm
Achsfolge: C dh
Länge über Puffer: 5.325 mm
Gewicht: 16,5 t
Achslast: 5,5 t
Höchstgeschwindigkeit: 20 km/h
Leistung: 96 kW
Verwendung/Einsatzgebiet: Verschublok
Außerdienststellung: –

Die Lackierung der Vs 71 (ehemalige 2095.01) im Ablieferungszustand ist dem heutigen Standortleiter der Pinzgaubahn zu verdanken; Aufnahme vom 29. August 2015 bei Uttendorf.

Salzburger Lokalbahn (SLB)

Vs 71 bis Vs 74 (ex ÖBB-2095)

TECHNISCHE DATEN

Hersteller:
SGP Wien, Floridsdorf
Lieferung: 1958, 1960/1961
Indienststellung SLB:
2008 und 2014*
Spurweite: 760 mm
Achsfolge: B'B' dh
Länge über Puffer: 10.400 mm
Gewicht: 30,8 – 32 t
Achslast: 7,7 – 8 t
Höchstgeschwindigkeit:
60 km/h
Leistung: 442 kW
Verwendung/Einsatzgebiet:
Einsatz vor Personen- und Güterzügen
Außerdienststellung: –
* Vs 74

Die ÖBB stellten 1958 drei Prototypen einer neuen Drehgestell-Schmalspurdiesellokomotive mit hydraulischer Kraftübertragung als Reihe 2095 in Dienst, denen 1960 bis 1962 zwölf weitere Maschinen folgten. Die Reihe 2095 gehört seit der Indienststellung zum Inventar der Pinzgaubahn und löste eine Vielzahl älterer Lokomotivtypen ab. Die Reihe 2095 entstand bei SGP unter der Typenbezeichnung LDH 600s. Mit der Übernahme der Pinzgaubahn durch die Pinzgauer Lokalbahn (PLB) kamen im Jahr 2008 drei Lokomotiven zur Salzburger Lokalbahn, und zwar die 2095.001, 004 und 006. Die 2095.01 war bereits in den Ablieferungszustand zurückversetzt, die in den ÖBB-Farben befindlichen beiden anderen Lokomotiven erhielten eine Lackierung in Rubinrot mit Zierspitz. Die drei 2095 erhielten die neuen Betriebsnummern Vs 71 – Vs 73 und befinden sich weiterhin im Betriebsbestand. Am 3. Juni 2014 wurde die ehemalige 2095.008 der ÖBB/NÖVOG als Vs 74 in den Bestand der PLB eingereiht. Sie war bereits 2009 leihweise im Pinzgau beim Wiederaufbau zur Beseitigung der Hochwasserschäden im Einsatz. Die Vs 73 ist seit dem 24. März 2021 leihweise an die Zillertalbahn vermietet.

Vs 82 mit einem Fahrradwagen und den neuen Niederflurpersonenwagen als Zug 3321 unweit der Haltestelle Sulzbachtäler (13. September 2015).

Salzburger Lokalbahn (SLB)

Vs 81 bis Vs 84

Die Überalterung des Rollmaterials auf den Schmalspurstrecken der ÖBB sowie die permanente Diskussion hinsichtlich von Streckenstilllegungen, die den lokalen Interessen eines funktionierenden Fremdenverkehrs entgegenstanden, führten bei den ÖBB und der Zillertalbahn (siehe D 13 – D 16) zur Gemeinschaftsbeschaffung einer modernen Großdiesellokomotive für die Pinzgaubahn als ÖBB-Reihe 2096. Die Betriebsnummer 2096.001 war bei der späteren Vs 81 nur ganz kurz angeschrieben, denn im Frühjahr 2008 wurde die Pinzgauer Lokalbahn an die gleichnamige Organisationseinheit der SLB übertragen. Diese nahm noch zwei weitere Lokomotiven als Vs 82 und Vs 83 in Betrieb, die seither mit neu beschafften Niederflurwendezuggarnituren eine Revolution im schmalspurigen Nahverkehr auslösten. Darüber hinaus übernahm die PLB einen „Lupo" von der Zillertalbahn als Vs 84. Die ehemalige D 13 der Zillertalbahn war am 27. November 2017 angemietet und per 1. August 2018 gekauft worden. Die vier Maschinen wickeln heute die Hauptlast des Nahverkehrs zwischen Zell am See und Krimml ab. Mit diesen Neubaufahrzeugen wurde gemeinsam mit der gleichzeitigen Modernisierung der Infrastruktur und der Einführung eines Stundentaktes eine nachhaltige Bestandssicherung der Stichstrecke im oberen Pinzgau erreicht.

TECHNISCHE DATEN

Hersteller:
GLG Gmeinder, Mosbach

Lieferung/Indienststellung:
2007, 2009, 2012, 2017*

Spurweite: 760 mm

Achsfolge: B' B' dh

Länge über Puffer: 14.640 mm

Gewicht: 50 t

Achslast: 12,5 t

Höchstgeschwindigkeit:
80 bzw. 40 km/h

Leistung: 746 kW

Verwendung/Einsatzgebiet:
Regionalverkehr im Wendezugeinsatz

Außerdienststellung: –

* Indienststellung der Vs 84 bei der SLB (ex D 13 Zillertalbahn)

ET 41 bis ET 49 und ET 50 bis ET 58

TECHNISCHE DATEN

Hersteller: SGP/AEG, Siemens/Bombardier*
Lieferung/Indienststellung: 1983, 1986, 1992 und 2001/02
Spurweite: 1.435 mm
Achsfolge: B' 2' B'/B' 2' 2' B'*
Länge über Puffer: 28.400 mm/38.800 mm*
Gewicht: 48,4 t/62,7*
Achslast: 7,8 t
Höchstgeschwindigkeit: 80 km/h
Leistung: 600 kW
Stromsystem: 1000 V Gleichstrom
Verwendung/Einsatzgebiet: Regionalverkehr im Halbstundentakt
Außerdienststellung: –
* ET 50 bis 58

Zur Modernisierung des Salzburger Regionalverkehrs im Flachgau wurden innerhalb von 20 Jahren in vier Etappen 18 moderne Stadtbahntriebwagen beschafft, die 80 Sitz- und 100 Stehplätze aufweisen. Ausschlaggebend für die Beschaffung dieser Flotte war die große Beliebtheit dieser Doppeltriebwagen, die sich stirnseitig über Schraubenfedern auf die Drehgestelle abstützen und im Mittelteil von einem Jakobsdrehgestell getragen werden. Die vier Gleichstrommotoren sind in den Triebdrehgestellen gelagert, die Kraftübertragung erfolgt über starre Wellen und Achsgetriebe auf beide Achsen in den Drehgestellen. Der rasche Verkehrszuwachs samt Frequenzsteigerung führte 2012/13 zum nachträglichen Einbau eines Mittelteils bei den ET 50 bis 58 durch die Firma INEKON in Ostrava (Tschechien), womit die Sitzplatzkapazität auf 104 und die Anzahl der Stehplätze auf 158 stieg. Alle 18 Triebwagen sind vielfachsteuerbar und bilden heute das Rückgrat im Nahverkehr auf dem Netz der Salzburger Lokalbahn. Im Zuge des Lokalbahnausbaus wird diese Flotte in den nächsten Jahren Zuwachs durch neue Tram-Trains erfahren. Mit Ausnahme des ET 42 sind alle Fahrzeuge im aktuellen Unternehmensdesign lackiert.

Der dreigliedrige ET 50 der SLB war am 10. April 2015 als Zug 21 bei Pabing am Haunsberg eingeteilt; gut zu sehen ist der tiefe Einstieg des Mittelteils.

Salzburger Lokalbahn (SLB)

VTs 11 bis VTs 17 (ex 5090 ÖBB)

Die Vernachlässigung der ÖBB-Schmalspurbahnen wurde spätestens dann evident, als die Steiermärkischen Landesbahnen mit ihren neuen VT 31 – VT 34 einen völlig neuen Fahrzeugkomfort auf der bosnischen Spur boten. Die Schmalspurtriebwagen der Firma Knotz kamen zwecks Erprobung auch im Waldviertel zum Einsatz, was zur Folge hatte, dass sich die ÖBB ebenfalls entschlossen, zwischen 1986 und 1991 insgesamt 17 Solo-Triebwagen in drei Baulosen zu beschaffen und als Reihe 5090 in den Bestand einzugliedern. Die Schmalspurtriebwagen stellten mit 64 Sitz- und 36 Stehplätzen eine längst überfällige Modernisierung des Fuhrparks im Waldviertel, im Ybbstal und im Pinzgau dar. Die Pinzgauer Lokalbahn wurde zum 1. Juli 2008 an die Salzburger Lokalbahn übertragen. Die ehemaligen ÖBB-Triebwagen 5090.001 – 006 wurden in VTs 11 – VTs 16 umgezeichnet und erhielten in den darauffolgenden Monaten eine Neulackierung in den Farben Rubinrot und Weiß. Der VTs 11 befindet sich seit dem Februar 2013 bei der Zillertalbahn als VT 1 (2. Besetzung). Als Ersatz wurde am 1. Juli 2013 der 5090.007 der NÖVOG als VTs 17 von der SLB übernommen; ein Mietkauf-Vertrag existierte schon seit November 2010.

TECHNISCHE DATEN

Hersteller: Knotz/BBC, BWS
Lieferung: 1986 – 1991
Indienststellung SLB: 2008, 2013*
Spurweite: 760 mm
Achsfolge: B'B'
Länge über Puffer: 18.300 mm
Gewicht: 29 t
Achslast: 7,25 t
Höchstgeschwindigkeit: 70 km/h
Leistung: 235 kW
Verwendung/Einsatzgebiet: Regionalverkehr im Pinzgau
Außerdienststellung: –
* VTs 17

Mit einem Fahrradtransportwagen sind die beiden Solo-Triebwagen VT 15 und VT 16 als Zug 3309 bei der Haltestelle Lengdorf unterwegs(29. August 2015).

Im Bahnhof Mittersill waren am 13. September 2015 der Oberbaumotorwagen Xs 91 und zwei Niederbordwagen abgestellt.

Salzburger Lokalbahn (SLB)

Xs 91 (ex X629.902 ÖBB)

TECHNISCHE DATEN

Hersteller: Plasser & Theurer
Lieferung: 1995
Indienststellung SLB: 2008
Spurweite: 760 mm
Achsfolge: B
Länge über Puffer: 9.100 mm
Gewicht: 17 t
Achslast: 8,5 t
Höchstgeschwindigkeit: 60 km/h
Leistung: 177 kW
Verwendung/Einsatzgebiet: Instandhaltungsarbeiten
Außerdienststellung: –

Die ÖBB beschafften während den 1990er-Jahren für die Instandhaltung ihres Streckennetzes eine Vielzahl unterschiedlicher Oberbaumotorwagen bei Plasser & Theurer. In Anlehnung an den bisher zur Verfügung stehenden X 627.951 der Mariazellerbahn entstanden aus dem Typ OBW 9 zwei schmalspurige Sonderanfertigungen, die mit den Betriebsnummern X 629.901 und 902 in Betrieb genommen wurden. Der X 629.902 war stets auf der Pinzgaubahn im Einsatz und gelangte mit dem Eigentumsübergang zum 1. Juli 2008 als Xs 91 zur Pinzgauer Lokalbahn. Die Fahrzeugkonstruktion orientiert sich weitgehend am OBW 10 als Einrahmenfahrzeug mit Endführerstand, einer kleinen Ladefläche und einem Hiab-Kran, wobei aus Profilgründen die Antriebsanlage oberflurig beim Kran situiert ist. Der Xs 91 verfügt über zwei Bremssysteme: Über eine normale Druckluftbremse und die übliche Vakuumbremse für den Wagenzug. Das Schwesterfahrzeug X629.901 kam auf der Mariazellerbahn zum Einsatz und befindet sich jetzt im Eigentum der NÖVOG.

Die Bh.1 wird im Sommer vor den Murtaler Bummelzügen eingesetzt und erreichte am 11. August 2015 die Haltestelle Hintering.

Steiermärkische Landesbahnen

Dampflokomotive Bh.1

Das Einzelstück Bh.1 steht nach einer aufwendigen Hauptausbesserung seit Pfingsten 1977 auf der Murtalbahn für den Nostalgieverkehr in Betrieb und kann auf eine sehr abwechslungsreiche Geschichte zurückblicken. Die Lokomotive wurde 1905 bei Krauss in Linz gebaut, kam zur Niederösterreichischen Landesbahn als Lok 23 und wurde 1909 zur Uh.1 umgezeichnet. Die Lokomotive entspricht im Rahmenaufbau und der Achsanordnung der Reihe U, allerdings handelt es sich hier um die erste Lok in der Monarchie, die mit dem Schmidtschen Großrohrüberhitzer ausgestattet wurde. Gegenüber der Reihe Uv ist die Rostfläche der Bh mit 1,03 m² bemessen, dagegen befinden sich in der Lok nur 71 statt 126 Siederohre sowie zehn Rauchrohre zur Aufnahme der zehn Überhitzerelemente und sie ist gegenüber der Reihe U um 50 % bzw. der Reihe Uv um 15 % leistungsfähiger. Weitere Änderungen finden sich beim Laufwerk. Die Gegenkurbel der Heusingersteuerung ist auf dem hinteren Kuppelzapfen aufgesteckt, weshalb die Schwingenstange mit einem Doppelgelenk an der gekrümmten Schwinge angreift. Die innere Steuerung wird von Kolbenschiebern mit innerer Einströmung vorgenommen. Die NÖLB-Lok gelangte 1922 zur BBÖ (Bh.1), 1938 zur DRB (99 811) und nach 1945 zur ÖBB als 398.01, die sie im Waldviertel einsetzten. Die Abstellung auf dem Lokomotivfriedhof in Ober-Grafendorf rief den Club 760 auf den Plan, der die technikgeschichtlich interessante Maschine im Jahr 1974 kaufte und 1976 gegen die Kh 111 der Landesbahn eintauschte. Seit Pfingsten 1977 wird die Bh.1 mit den Bummelzügen im Murtal eingesetzt.

TECHNISCHE DATEN

Hersteller: Krauss Linz
Lieferung: 1905
Indienststellung STLB: 1976
Spurweite: 760 mm
Achsfolge: C 1 h2t
Länge über Puffer: 7.904 mm
Gewicht: 27,6 t
Achslast: 8,9 t
Höchstgeschwindigkeit: 40 km/h
Verwendung/Einsatzgebiet: Nostalgiezüge
Außerdienststellung: –

In Oberfeistritz warten die Kh 101 und die VL 14 am 23. Juli 1994 auf die Weiterfahrt.

Steiermärkische Landesbahnen

Dampflokomotiven Kh 101 und Kh 111

TECHNISCHE DATEN
Hersteller: Krauss, Linz
Lieferung/Indienststellung: 1926, 1930
Spurweite: 760 mm
Achsfolge: E h2t
Länge über Puffer: 8.720 mm
Gewicht: 34 t
Achslast: 6,8 t
Höchstgeschwindigkeit: 25 bzw. 30 km/h
Verwendung/Einsatzgebiet: Nostalgiezüge auf der Feistritztalbahn
Außerdienststellung: –

Die Steiermärkischen Landesbahnen beschafften – trotz wirtschaftlich schwieriger Zeiten – nach dem Vorbild der Kh.1 der BBÖ (spätere ÖBB-Reihe 499) die Kh 101 und Kh 111. Beide Krauss-Lokomotiven verfügen über eine besondere Triebwerksausbildung. Die vorderen vier Achsen sind im Innenrahmen, die fünfte Achse – als Klien-Lindner-Achse ausgeführt – ist in einem zwischen dritter und vierter Achse beginnenden Außenrahmen gelagert, wobei die Achsen zwecks besserer Kurvenläufigkeit unterschiedliche Seitenspiele aufweisen. Unterschiede gibt es bei der Steuerung: Die Kh 101 besitzt eine Heusinger-Steuerung mit Kuhn'scher Schleife, die auf die Kolbenschieber mit innerer Einströmung arbeitet, die Kh 111 hingegen eine Caprotti-Ventilsteuerung, wo die Dampfverteilung über senkrecht angeordnete Einlass- bzw. Auslassventile erfolgt. Der Kessel ist für 12 atü ausgelegt und besitzt 54,95 m² Heizrohr- sowie 20,2 m² Überhitzerheizfläche auf 20 Elementen des Schmidtschen Kleinrohrüberhitzer. Die auf der Feistritztalbahn eingesetzte Kh 111 wurde 1976 außer Betrieb genommen und an den Club 760 abgegeben. Sie kann seither im Museum in Frojach besichtigt werden. Die fast baugleiche und für die Murtalbahn beschaffte Kh 101 steht betriebsfähig für Verkehre auf der Feistritztalbahn in Weiz bereit.

Steiermärkische Landesbahnen

Dampflokomotiven Reihe U

(U 8, U 11, U 40, U 43 und U 44)

Die Lokomotiven der Reihe U sind untrennbar mit der Murtalbahn verbunden, steht doch der Buchstabe U für Unzmarkt. Im Bestand der Landesbahnen befanden sich gleich 14 Exemplare, die u. a. auf der Feistritztalbahn, im Murtal und der Thörlerbahn eingesetzt wurden. Die heute noch vorhandenen Maschinen dienen dem Nostalgieverkehr und kommen vor Nostalgiezügen oder zu besonderen Anlässen zum Einsatz. Die Serie U hat sich im Betriebseinsatz bewährt. Sie besitzt einen Innenrahmen, der die Zylinder und die Treibachsen aufnimmt, und einen darauf angesetzten Außenrahmen, der die Laufachse – ausgebildet als Krauss-Helmholtz-Gestell – sowie den Stehkessel unterbringt. Die Reihe U weist eine Rostfläche von 1 m^2, eine Siederohrfläche von 46,28 m^2 und vergrößerte Vorräte (Kohle 1,65 m^3, Wasser 3,2 m^3) auf, ideal für die Bedienung der 76 km langen Murtalbahn. Die Lokomotiven der Landesbahnen wurden nach dem Zweiten Weltkrieg mehrmals verschiedenen Unterhaltungsmaßnahmen unterzogen, unter anderen Vergrößerung des Kohlenbunkers, Erneuerung des Kessels oder auch Einbau eines Giesl-Ejektors mit Micro-Funkenfänger in der U38. Zum Bestand der Landesbahnen zählen derzeit noch fünf Maschinen. Die U 11, U 40 und U 43 befinden sich im Murtal, die U 8 und U 44 hingegen in Weiz und sind an die Feistritztalbahn GmbH vermietet.

TECHNISCHE DATEN

Hersteller: Krauss, Linz
Lieferung/Indienststellung: 1894 – 1922
Spurweite: 760 mm
Achsfolge: C 1 n2t
Länge über Puffer: 7.190 mm
Gewicht: 24,8 t
Achslast: 8,3 t
Höchstgeschwindigkeit: 35 km/h
Verwendung/Einsatzgebiet: Nostalgiezüge auf der Feistritztalbahn
Außerdienststellung: U 44 aktuell nicht betriebsfähig

Eine Sonderfahrt des Clubs 760 führte zu dieser Doppelbespannung: U 11 und die 298.56 vom Club 760 verlassen am 20. Juli 2017 den Bezirkshauptort Murau.

Am 13. Juni 2002 beförderte die nur 5,5 m lange E 2 einen Güterzug nach Mixnitz.

Steiermärkische Landesbahnen

E 1 und E 2 (LBMStE)

TECHNISCHE DATEN
Hersteller: AEG, Berlin
Lieferung/Indienststellung: 1913
Spurweite: 760 mm
Achsfolge: Bo
Länge über Puffer: 5.510 mm
Gewicht: 15 t
Achslast: 7,5 t
Höchstgeschwindigkeit: 20 km/h
Leistung: 110 kW
Stromsystem: 800 V Gleichstrom
Verwendung/Einsatzgebiet: Bahnhofsverschub in Mixnitz
Außerdienststellung: –

Die Lokalbahn Mixnitz – St. Erhard (LBMStE) ist eine mit 800 V Gleichstrom elektrifizierte Schmalspurbahn mit einer Spurweite von 760 mm und war ursprünglich 10,85 km lang. Die Lokalbahn wurde am 12. September 1913 eröffnet und führt entlang des Breitenauer Baches in den Roßgraben hinein. Die Strecke wurde durch Auflassung der Endhaltestelle St. Erhard zwischenzeitlich um 500 m gekürzt, heute endet sie direkt im Werksgelände der Veitscher Magnesitwerke AG. Zur Grundausstattung der Lokalbahn gehörten zwei von der AEG in Berlin gebaute Elektrolokomotiven. Diese kleinen, sehr zierlich wirkenden Fahrzeuge mit zwei symmetrisch angeordneten Vorbauten (ähnlicher Aufbau wie die E 11 der SLB), in denen der elektrische Teil untergebracht ist, wurden an die steigungsreichen Verhältnisse der Strecke angepasst, u.a. durch den Einbau einer Vakuumbremse mit acht Bremsklötzen. Weiters erhielten sie eine Handbremse und eine elektrische Widerstandsbremse. Der mechanische Teil wurde in der damals üblichen Nietkonstruktion unter Verwendung von Wälzprofilen hergestellt. Die E 1 ist auf den Namen „Breitenau" und die E 2 auf „Hochlantsch" getauft. Beide Loks versehen nur noch in Ausnahmefällen Güterzugdienst und werden gerne bei Sonderfahrten eingesetzt.

Die Breitenauerbahn dient nur dem Güterverkehr. Die seltenen Personensonderzüge sind daher eine willkommene Abwechslung: E 3 am 28. April 2012 auf der Fahrt nach Mixnitz.

Steiermärkische Landesbahnen

E 3 und E 4 (LBMStE)

Als Ersatz für die in die Jahre gekommenen Oldtimer E 1 „Breitenau" und E 2 „Hochlantsch" wurden in den Jahren 1957 (E 3) und 1963 (E 4) zwei neue, geräumige Mittelführerstandslokomotiven in Dienst gestellt. Beide Maschinen unterscheiden sich kaum in der Erscheinungsform bzw. in der technischen Konzeption. Sie wurden als Drehgestellfahrzeuge ausgeführt und im mechanischen Teil nach dem damaligen Stand der Technik gefertigt. Die Motoren sind in den Drehgestellen gelagert und dauernd in Serie geschaltet. Die anderen Bauteile des elektrischen Teils befinden sich wiederum in den beiden, gegenüber der E 1 und E 2 wesentlich längeren Vorbauten. Im Aussehen sind geringfügige optische Unterschiede zu erkennen. Diese betreffen die Seitenwandteilung, das Führerhaus, die Verschiebernischen (nachträglich angepasst) sowie die Lüftergitter an der Front. Seit ihrer Indienststellung wird der Betrieb mit diesen zwei Maschinen durchgeführt. Beide sind heute mit einem Einholmstromabnehmer bestückt, der die bisherige Doppelscherenwippe ersetzte. Die Betriebsführung Lokalbahn Mixnitz – St. Erhard wurde den Steiermärkischen Landesbahnen übertragen, wird aber von Mixnitz aus autark durchgeführt.

TECHNISCHE DATEN

Hersteller:
ÖAM, Zeltweg (mechan. Teil); BBC (elektr. Teil)
Lieferung/Indienststellung: 1957 und 1963
Spurweite: 760 mm
Achsfolge: Bo' Bo'
Länge über Puffer: 9.600 mm
Gewicht: 22 t
Achslast: 11 t
Höchstgeschwindigkeit: 25 km/h
Leistung: 148 kW
Stromsystem: 800 V Gleichstrom
Verwendung/Einsatzgebiet: Güterzugverkehr und Verschubarbeiten
Außerdienststellung: –

E 41 am 14. Oktober 2014 im Bahnhof Feldbach der ÖBB: Gut zu sehen sind die angebauten Verschieberbühnen.

Steiermärkische Landesbahnen

E 41 (FBG)

TECHNISCHE DATEN

Hersteller: Grazer Waggonfabrik, AEG-Union
Lieferung/Indienststellung: 1930
Spurweite: 1.435 mm
Achsfolge: Bo' Bo' g4t
Länge über Puffer: 11.450 mm
Gewicht: 38,3 t (Tara 35,8)
Achslast: 9,6 t
Höchstgeschwindigkeit: 50 km/h
Leistung: 400 kW
Stromsystem: 1800 V Gleichstrom
Verwendung/Einsatzgebiet: Güterverkehr und Verschubarbeiten
Außerdienststellung: –

Zur Erstausstattung der Lokalbahn AG Feldbach – Bad Gleichenberg, eröffnet 1931 und 1942 zur StLB fusioniert, zählt diese Mittelführerstandslokomotive mit zwei symmetrisch angeordneten, halbhohen Vorbauten. In den Vorbauten befinden sich die Batterien, die Schützen und die Bremsanlage. 1962 wurde zusätzlich zur Vakuumbremse noch eine Druckluftbremse für den Wagenzug eingebaut. Der Rahmen war ursprünglich genietet und wurde im Zuge einer Hauptuntersuchung 2002 durch eine geschweißte Konstruktion ersetzt und verlängert, um die geländerbewehrten Verschieberbühnen aufnehmen zu können. Die E 41 besitzt zwei zweiachsige Drehgestelle, deren Achsen von vier Tatzlagermotoren angetrieben werden. Unverändert blieben die beiden Vorbauten und das Führerhaus. Ein eigenwillig aussehender Stromabnehmer wurde durch einen Einholmstromabnehmer ersetzt, zugleich wurde die E 41 in das heute noch gültige Farbdesign der Landesbahnen versetzt. Bei der Hauptausbesserung wurde auch eine Funkfernsteuerung installiert. Das Einzelstück ist in Feldbach beheimatet und wird dort im Güterverkehr oder im Ausflugsverkehr mit einem ehemaligen Schweizer Leichtstahlwagen eingesetzt. Sie trägt seit einigen Jahren die UIC-Betriebsnummer A-STLB 91 81 1941 001-0.

Die im neuen Design gehaltene 183 717 der STB befördert am 4. Mai 2020 den Sondergüterzug 96496 nach Wolfurt, aufgenommen bei Imsterberg.

Steiermärkische Landesbahnen

1216.960 und 183 717

Viele alteingesessene Privatbahnen in Österreich haben sich den freien Netzzugang auf dem heimischen Schienennetz zunutze gemacht, um ihr Tätigkeitsfeld auszuweiten. Für die Verkehrsabwicklung haben die Steiermärkischen Landesbahnen das Tochterunternehmen Steiermarkbahn Transport- und Logistik GmbH (STB) gegründet und es mit eigenen Triebfahrzeugen ausgestattet. Neben diversen Dieselloks (ehemalige DB-V 100) wurden zum Führen des „Touareg-Express" über den Wechsel EuroRunner 20 erworben und für Transitverkehre entlang der Donauachse (Container-, Getreide- und Mineralöltransporte) eine fabrikneue Siemens-Mehrsystemlokomotive der Type ES 64 U4 (1216.960) gekauft. Die A-STBAT 91 81 1216 960-5 wurde am 28. Juni 2012 offiziell als Subtype ES 64 U4-C in Betrieb genommen und kommt seither in den Ländern Deutschland, Österreich und Ungarn zum Einsatz. Sie trug damals die Unternehmensfarben Weiß und Grün samt STB-Schriftzug. Als zweite Maschine wurde im Juni 2015 die Siemens-Vorratslok 183 717 (Subtype ES 64 U4-B) erworben; die Loknummer 91 80 6183 717-8 wurde beibehalten, die Halterkennung auf D-STBAT geändert. Beide Maschinen verloren ihre grün/weiße Farbgebung zugunsten eines weißen Lokkastens mit dunkelblauer Dachlackierung und nach vorne geschwungener Fensterumrandung. Werbefolien bzw. der grüne Panther zieren die Seitenwände.

TECHNISCHE DATEN

Hersteller: Siemens
Lieferung/Indienststellung: 2011/2012, 2015
Spurweite: 1.435 mm
Achsfolge: Bo'Bo'
Länge über Puffer: 19.580 mm
Gewicht: 87 t
Achslast: 21,75 t
Höchstgeschwindig.: 230 km/h
Leistung: 6.000 kW
Stromsystem: 15 kV/16,7 Hz und 25 kV/50 Hz Wechselstrom; 1.500 V und 3.000 V Gleichstrom
Verwendung/Einsatzgebiet: Nationaler und internationaler Güterverkehr
Außerdienststellung: –

Gut zu erkennen ist die unsymmetrisch angeordnete mittlere Achse der DE 2 der Steiermärkischen Landesbahnen (Weiz, 14. Oktober 2014).

Steiermärkische Landesbahnen

DE 1 und DE 2

TECHNISCHE DATEN
Hersteller: Alpine Montan (ÖAM)/BBC
Lieferung/Indienststellung: 1964/1965
Spurweite: 1.435 mm
Achsfolge: Co
Länge über Puffer: 9.500 mm
Gewicht: 48 t
Achslast: 12 t
Höchstgeschwindigkeit: 60 km/h
Leistung: 551 kW
Verwendung/Einsatzgebiet: Verschubarbeiten
Außerdienststellung: –

Dieser interessante Dielselloktyp wurde in den 1960er Jahren von der Österreichischen Alpine Montan AG (ÖAM) in Zeltweg gebaut. Von den fünf baugleichen Maschinen gelangten zwei als DE 1 und DE 2 zu den Steiermärkischen Landesbahnen und drei zur GKB (V 750.1 – 3). Sie verfügen über einen dieselelektrischen Antrieb, deshalb die Reihenbezeichnung DE. Die Lokomotiven fallen durch ihre unsymmetrisch angeordnete mittlere Achse auf und wurden für die Strecke Gleisdorf – Weiz für Verschubarbeiten beschafft, der dieselelektrische Antrieb bewährte sich in diesen Diensten vorzüglich. Es handelt sich um Starrrahmenloks mit dezentriertem Mittelführerstand, im längeren Vorbau ist die Antriebsanlage untergebracht. Ein 750-PS-Dieselmotor treibt über einen BBC-Gleichstromgenerator die drei fremdbelüfteten Tatzlagermotoren an. Beide Maschinen verfügen über eine Vielfachsteuerung und sind mit einer Druckluftbremse nach System Oerlikon-Stabeg mit G-P-Wechsel ausgerüstet. Für den Einsatz vor Reisezügen besitzen sie eine elektrische Zugheizung. Beide Diesellokomotiven gehören zur Landesbahnstrecke Gleisdorf – Weiz; eine wird für Verschubarbeiten in Weiz im Magna-Areal verwendet, die zweite erledigt den Verschub im Güterterminal Graz Süd.

Fotos der neu lackierten D 3 sind selten: Verladen auf einen Flachwagen war die Lok am 8. März 2022 in Weiz zu sehen.

Steiermärkische Landesbahnen

D 3

Den Steiermärkischen Landesbahnen fehlte zur Abwicklung des schweren Güterverkehrs eine leistungsstarke Diesellokomotive. Im Jahr 1993 wurde die D 3 mit dieselhydraulischer Kraftübertragung bei Gmeinder in Mosbach bestellt. Die Typenbezeichnung lautet D100BB. Der Neuzugang wurde im Januar 1994 in die Steiermark überstellt und in Betrieb genommen. Die Mittelführerstandslokomotive besitzt zwei zweiachsige Drehgestelle, die den geschweißten Lokrahmen und die schmalen, halbhohen Vorbauten samt dem Führerhaus tragen. Der Zugang zum Führerhaus erfolgt entlang der Plattformen des Lokrahmens. Die Maschine wurde in den Hausfarben Verkehrsrot, Mintgrün, Perlweiß und Umbragrau lackiert. Auffallend ist dabei der gelb/schwarze Warnanstrich auf den Pufferbrüsten. Als Novum galt die werksseitige Berücksichtigung einer Rangierkupplung und die Funkfernsteuerung. Diese Einrichtungen erwiesen sich gerade im Verschub- und Güterzugbetrieb auf der Strecke Weiz – Gleisdorf als Vorteil, denn entlang dieser Bahnlinie gibt es zahlreiche Industriebetriebe mit entsprechendem Güterverkehrsaufkommen. Die D 3 gehört zum Standort Weiz und wird von dort aus disponiert. Zusätzlich zur Loknummer D 3 ist die TSI-Nummer 92 81 2151 001-2 A-STBAT angeschrieben..

TECHNISCHE DATEN

Hersteller: Kälble & Gmeinder
Lieferung/Indienststellung: 1993/1994
Spurweite: 1.435 mm
Achsfolge: B' B'
Länge über Puffer: 12.400 mm
Gewicht: 72 t
Achslast: 18 t
Höchstgeschwindigkeit: 100 km/h
Leistung: 1.120 kW
Verwendung/Einsatzgebiet: Regional- und Güterzüge zwischen Gleisdorf und Weiz, Verschubeinsatz im Funkfernsteuerbetrieb
Außerdienststellung: –

Die D 6 der Steiermarkbahn präsentiert sich am 11. Februar 2021 im Grazer Ostbahnhof im neuen Farbdesign der Landesbahnlokomotiven in Weiß und Blau.

TECHNISCHE DATEN

- Hersteller: Gmeinder, Mosbach
- Lieferung/Indienststellung: 1999, 2002*
- Spurweite: 1.435 mm
- Achsfolge: B' B'
- Länge über Puffer: 13.930 mm
- Gewicht: 76 t
- Achslast: 19 t
- Höchstgeschwindigkeit: 120 km/h
- Leistung: 1.500 kW
- Verwendung/Einsatzgebiet: Regional- und Güterzüge zwischen Gleisdorf und Weiz, Verschubeinsatz im Funkfernsteuerbetrieb
- Außerdienststellung: –

* D 5 und D 6

Steiermärkische Landesbahnen

D 4 bis D 6

Die geänderten Anforderungen im Verschubdienst sowie die Möglichkeit, leistungsfähige Verschublokomotiven auch im Streckendienst vor schweren Güterzügen einsetzen zu können, führte zur Weiterentwicklung des Gmeinder-Loktyps D100BB (siehe D 3) in eine noch größere und leistungsstärkere Ausführung (D110BB), von der Gmeinder nur drei Exemplare baute. Die D 4 wurde im August 1999 in Betrieb genommen, die D 5 und D 6 trafen am 11. November 2002 in Weiz ein. Die drei Lokomotiven unterscheiden sich gegenüber der D 3 in den Hauptabmessungen, zugleich konnte der Hersteller wesentliche Fortschritte hinsichtlich der Emissionen, des Wirkungsgrades und der zu berücksichtigenden Sicherungssysteme erzielen. Alle drei Maschinen waren ab Werk mit einer Funkfernsteuerung und einer automatischen Rangierkupplung ausgestattet. Herzstück der Antriebsanlage ist ein MTU-Motor mit hydraulischer Kraftübertragung, der im längeren Vorbau untergebracht ist. Die D 4 bis D 6 werden im Cargo Center Graz (Terminal Werndorf) und im Fahrverschub auf der Strecke Weiz – Gleisdorf verwendet, aber auch im Bauzugdienst, weshalb nachträglich die UIC-Nummern A-STLB 92 81 2111 001-1 bis 003-7 angeschrieben wurden.

Die VL 16 ist an die Feistritztalbahn für Museumsfahrten verliehen (Birkfeld, 3. August 2019).

Steiermärkische Landesbahnen

VL 11 bis VL 16

Die Steiermärkischen Landesbahnen nahmen in den Jahren 1965 bis 1967 sechs fabrikneue Schmalspur-Drehgestelllokomotiven mit dieselelektrischem Antrieb und außermittig platziertem Führerstand in Betrieb. Die Antriebsanlage befindet sich im längeren Vorbau und bestand ursprünglich aus einem MAN-Motor mit 360 PS (bei VL 16 abweichend 420 PS), der später – zunächst bei den Maschinen im Murtal – durch einen ebenfalls sechszylindrigen MTU-Dieselmotor mit 612 PS ersetzt wurde. Zur Erregung des Fahrstroms dient ein Gleichstrom-Hauptgenerator, der mit einer elastischen Kupplung mit dem Dieselmotor verbunden ist, und die vier parallel geschalteten BBC-Fahrmotoren speist, deren Antrieb über das einstufige Stirnradgetriebe auf die Achsen greift. Die formschönen Maschinen besitzen eine Druckluftbremse für die Lok und eine Vakuumbremse für den Wagenzug. Für den Einsatz im Personenverkehr ist ein Dampf-Heizkessel eingebaut. Die Maschinen versahen Dienst auf der Feistritztalbahn (Weiz – Birkfeld – Ratten) und im Murtal. Mit der Indienststellung der Neubautriebwagen VT 31 – 35 wurden einzelne Lokomotiven arbeitslos und außer Dienst gestellt. Die VL 11 wurde 1994 abgestellt, 1999 folgten die VL 14 und 15, die seither als Ersatzteilspender Verwendung finden. Die VL 13 wird derzeit im Murtal eingesetzt, die VL 12 und 16 stehen in Birkfeld für Sonderverkehre auf der Feistritztalbahn bereit.

TECHNISCHE DATEN

Hersteller:
ÖAMG, BBC (elektr. Teil)
Lieferung/Indienststellung:
1965 – 1967
Spurweite: 760 mm
Achsfolge: Bo' Bo' de
Länge über Puffer: 9.800 mm
Gewicht: 31 t
Achslast: 7,75 t
Höchstgeschwindigkeit:
50 km/h
Leistung: 390 kW
Verwendung/Einsatzgebiet:
Güterverkehr
Außerdienststellung: –

Am 6. Juli 2021 brachte die im neuen Design lackierte VL 23 der Steiermärkischen Landesbahnen südlich von Straß im Zillertal einen Holzzug nach Fügen.

Steiermärkische Landesbahnen

VL 22 und VL 23

TECHNISCHE DATEN

Hersteller: Duro-Dakovic
Lieferung: 1972
Indienststellung STLB: 1980
Spurweite: 760 m
Achsfolge: B' B' dh
Länge über Puffer: 12.050 mm
Gewicht: 32 t
Achslast: 8 t
Höchstgeschwindigkeit: 60 bzw. 45* km/h
Leistung: 485 kW
Verwendung/Einsatzgebiet: Verschubarbeiten
Außerdienststellung: –
* VL 23

Die Landesbahnen konnten nach der Einstellung des bosnischen Schmalspurnetzes im Jahre 1980 die 740-023 und 740-024 der Jugoslawischen Eisenbahnen (JZ) übernehmen. Sie entstammen einer Serie von 40 Drehgestell-Diesellokomotiven mit dieselhydraulischer Kraftübertragung, die die JZ zu Beginn der 1970er-Jahre orderten. Beide Maschinen wurden nach dem Kauf in der Werkstätte in Kapfenberg aufgearbeitet und einem gründlichen Umbau unterzogen. Herzstück der Arbeiten war die Neumotorisierung mit einem MTU-Sechszylindermotor, wobei das Voith-Turbogetriebe samt Kardanwellenantrieb auf die Drehgestellachsen unverändert beibehalten wurde. Die Bremsanlage (Druckluftbremse für die Lok und Vakuumbremse für den Wagenzug) wurde nachgebessert. Für den Verschubbetrieb auf der Thörlerbahn (Kapfenberg – Seebach-Thurnau) wurden die Lokomotiven an den Rahmenenden verstärkt und zusätzlich an diesen große Verschieberauftritte montiert. Weitere Änderungen wurden im neu angefertigten Führerhaus vorgenommen, wobei die Bedienung an die der VL 11 – VL 16 angeglichen wurde. Nach der Stilllegung der Thörlerbahn gelangten beide Maschinen zur Feistritztalbahn in Weiz, später auch zur Murtalbahn. Die VL 22 erhielt nachträglich eine Funkfernsteuerung. Die VL 23 wurde nach einer Aufarbeitung mit Neulack zum Jahresbeginn 2021 an die Zillertalbahn für die Abwicklung der Holzverkehre (Jenbach – Fügen) vermietet.

2016.901 und 902, 1223.004

Der Bau der Reihe 2016 für die ÖBB war für die Steiermärkischen Landesbahnen eine günstige Möglichkeit, an leistungsstarke und zeitgemäße Großdiesellokomotiven zu kommen. Noch während der Ablieferung der ÖBB-2016 wurden zwei „Nachbaumaschinen" als 2016.901 und 902 in Betrieb genommen und im Wendezugdienst, aber auch im Güterverkehr auf der Landesbahnstrecke Gleisdorf – Weiz eingesetzt. Anfang April 2013 übernahm das STLB-Tochterunternehmen Steiermarkbahn Güterzugleistungen im Bereich der Strecken Wiener Neustadt – Friedberg – Rohrbach-Vorau und Friedberg – Pinkafeld – Oberwart. Der erhöhte Triebfahrzeugbedarf wurde zunächst durch die Anmietung der ER 20-004 von Dispolok gedeckt, kurz darauf wurde sie gekauft. Im Juli 2013 wurde die in 1223.004 umgezeichnete Maschine mit Folien im Design der Steiermarkbahn umgestaltet. Dank der Wendezug- und der Tandemsteuerung sind die drei Lokomotiven universell einsetzbar. Sie sind in Weiz stationiert und werden von dort aus auch disponiert. Die 901 und 902 waren ursprünglich im rot/grünen Landesbahndesign gehalten, später wurde es auf Weiß/Grün mit dem Schriftzug „Steiermarkbahn" geändert, in Lokmitte der Steirische Panther. Inzwischen sind alle drei Maschinen weiß lackiert, in der Fahrzeugmitte ist das steirische Wappentier angebracht.

TECHNISCHE DATEN

Hersteller: Siemens
Lieferung/Indienststellung: 2004, 2005, 2013
Spurweite: 1.435 mm
Achsfolge: Bo' Bo'
Länge über Puffer: 19.275 mm
Gewicht: 80 t
Achslast: 20 t
Höchstgeschwindigkeit: 140 km/h
Leistung: 2.000 kW
Verwendung/Einsatzgebiet: Personen- und Güterzugverkehre
Außerdienststellung: –

Der Vg 77266 aus Oberwart war am 3. April 2017 mit zwei ER 20 (1223.004 und 2016.901) bespannt und ist im Bahnhof Friedberg angekommen.

Die 203.594 wurde 2017 von Alstom in der neuen Farbgebung Dunkelblau/Weiß an die Steiermarkbahn übergeben (Werndorf, 10. März 2022).

Steiermärkische Landesbahnen

203.594

TECHNISCHE DATEN
Hersteller: LEW, Hennigsdorf
Lieferung: 1973
Indienststellung STLB: 2017
Spurweite: 1.435 mm
Achsfolge: B' B' dh
Länge über Puffer: 14.240 mm
Gewicht: 64 t
Achslast: 16 t
Höchstgeschwindigkeit: 80 bzw. 100 km/h
Leistung: 1.380 kW
Verwendung/Einsatzgebiet: Cargo Center Graz
Außerdienststellung: –

Die Steiermarkbahn ist für die Betriebsführung des Cargo Centers Graz verantwortlich, das sich zwischen Kalsdorf und Werndorf befindet und als Güterterminal ausgebildet ist. Für die Betriebsabwicklung werden drei Diesellokomotiven benötigt. Hier fanden die verfügbaren ex DB-V 100 der Steiermärkischen Landesbahnen Verwendung. Im Januar 2017 erwarben die Steiermärkischen Landesbahnen von Alstom die 203 594 der früheren Deutschen Reichsbahn (Typenbezeichnung 203XT). Bei der Firma Alstom fand im Jahr 2016 die Generalüberholung der dieselhydraulisch angetriebenen Lokomotive statt. Die Ablieferung erfolgte in weißer Farbgebung, so dass vom neuen Eigentümer vor Ort nur noch die entsprechenden Beschriftungen und die STLB-Logos zu ergänzen waren. Die wesentlichen Betriebsanschriften wurden unterhalb des Führerhauses angebracht. Die vollständigen TSI-Anschriften lauten D-STLB 92 80 1203 594-7. Mit der Ost-V 100 wurde die 2048.024 im Cargo Center Graz freigesetzt und als Ersatz für die Elektrolok der Gleichenberger Bahn nach Feldbach überstellt.

Steiermärkische Landesbahnen

2048.024, 2048.035 und 212.381

Zur Erhöhung des Güterverkehrsanteils auf der Schiene wurde südlich von Graz bei Werndorf der Terminal Graz gebaut, der heute als Cargo Center Graz am Markt auftritt. Dieser Terminal steht seit seiner Eröffnung im Jahr 2003 als bedeutsames Logistikzentrum für den südosteuropäischen Wirtschaftsraum und als Drehscheibe für die Industrie im Großraum von Graz zur Verfügung. Die Betriebsführung obliegt den Steiermärkischen Landesbahnen, die für die Abwicklung des Verschubverkehrs auf dem großflächigen Areal bei Werndorf verantwortlich sind und dafür eigene Triebfahrzeuge vorhalten, wie etwa die DE 1 oder D 2 bzw. die D 3 bis D 6. Darüber hinaus kommen gebrauchte Occasionsloks deutscher Herkunft zum Einsatz. Die Landesbahnen erwarben im Dezember 2005 die Lok 7 der Eisenbahnservice GmbH (ESG), ex 2048.024 der ÖBB. Sie erhielt die Bezeichnung 90 34 2048 024-1, seit dem 31. August 2012 trägt sie die NVR-Nummer A-STLB 92 81 2048 024-1; am 1. Juni 2018 änderte sich die Halterkennung auf A-STBAT. Sie war zunächst blau lackiert und trug deshalb den Kosenamen „Blaue Erika". Als zweite V 100 ist die ehemalige 211 124 der DB zu nennen. Die Lok wurde im April 2009 über den Zwischenhändler LSB Lok Service Burkhardt AG von der Carlo Vanoli AG übernommen, wo sie als Am 847 961-0 im Einsatz war. Bei der STLB wird sie als 92 81 2048 035-7 geführt. Der letzte Zugang fand am 18. Juni 2010 mit der 212.381 von der EfW-Verkehrsgesellschaft statt, ebenfalls eine DB-V 100, die als D-STBAT 92 80 1212 381-8 im Einsatz steht.

TECHNISCHE DATEN

Hersteller: Deutz
Lieferung: 1962, 1965
Indienststellung STLB: 2005, 2007, 2010
Spurweite: 1.435 mm
Achsfolge: B'B' dh
Länge über Puffer: 12.100 mm
Gewicht: 63 t
Achslast: 15,75 t
Höchstgeschwindigkeit: 60 bzw. 100 km/h
Leistung: 808 kW
Verwendung/Einsatzgebiet: Verschubarbeiten im Cargo Center Graz
Außerdienststellung: –

Die 2048 024 zeigt sich noch im Erstdesign der Steiermarkbahn mit rotem Rahmen, grünen Aufbauten und dem Landeswappen (Feldbach, 20. Februar 2022).

Der ET 2 steht im Betriebshof der Remise Feldbach der Steiermärkischen Landesbahnen, aufgenommen am 14. Oktober 2014.

Steiermärkische Landesbahnen

ET 1 und ET 2

TECHNISCHE DATEN

Hersteller: Grazer Waggonfabrik, Elin
Lieferung/Indienststellung: 1930
Spurweite: 1.435 mm
Achsfolge: Bo' Bo' g4t
Länge über Puffer: 16.240 mm
Gewicht: 35,2 t/35,3 t (Tara)
Achslast: 9,8 t
Höchstgeschwindigkeit: 50 km/h
Leistung: 296 kW
Stromsystem: 1.800 V Gleichstrom
Verwendung/Einsatzgebiet: Regionalzugverkehr, Sonderzüge
Außerdienststellung: –

Dem heutigen Aussehen nach würde man nicht vermuten, dass die beiden Triebwagen zur Anfangsausstattung der Bahnlinie Feldbach – Bad Gleichenberg gehören. Die optischen Veränderungen sind auf Modernisierungsarbeiten zurückzuführen. Der ET 1 wurde 1979/1980 einer umfassenden Ausbesserung bei der Fa. Knotz unterzogen, beim ET 2 war dies erst 1990/1991 bei der Firma Rotax der Fall. Zum geänderten Erscheinungsbild trugen speziell die Abänderungen im konstruktiven Aufbau (Stahlkasten anstatt Holzaufbau) bei, gleichzeitig fand eine Erhöhung der Sitzplätze von 53 auf 58 statt. Im Zuge der Modernisierung wurden die Triebwagen im damals jeweils gültigen Farbschema lackiert. Die Wagenkästen der Triebwagen werden durch zwei Drehgestelle getragen, in denen die vier Tatzlagermotoren untergebracht sind. Die Triebwagen hatten ursprünglich eine Vakuumbremse Bauart Hardy, die 1962 gegen eine Druckluftbremse Bauart Stabeg ersetzt wurde. Das Duo wurde im Personennahverkehr auf der knapp 22 km langen Gleichenberger Bahn durch das südoststeirische Hügelgebiet eingesetzt, auch Jogi-Land genannt. Die Strecke war von Beginn an elektrifiziert, zunächst mit 1500 V Gleichstrom, 1975 wurde die Spannung auf 1800 V erhöht. Die Triebwagen tragen die UIC-Nummern A-STLB 94 81 4920 001-6 und 002-4. Der Fahrbetrieb findet derzeit nur an Wochenenden während der Sommer- und Herbstmonate statt und ist bis 2026 gesichert.

Der ET 15 kommt nur noch gelegentlich zum Einsatz (Bahnhof Übelbach, 4. August 2018).

Steiermärkische Landesbahnen

ET 15 und ES 25 (ex SZU 93)

Der Unfallschaden des ET 13 (ex CFe 4/4 62 der SOB) am 20. November 1995 mit einem LKW bewog die Landesbahnen, eine weitere gebrauchte Triebwageneinheit, baugleich zum ET 14 – der damals wegen Rahmenschäden repariert wurde –, zu beschaffen. Die Übernahme einer solchen Garnitur war kurzfristig von der Bahngesellschaft Sihltal-Zürich-Uetliberg (SZU) möglich. Der SZU-Triebwagen BDe 4/4 593 (ex 93) wurde 1968 als Solo-Triebwagen gebaut und war seither mit dem 1963 beschafften Steuerwagen Bt 994 (ex Bt 54; ex Sihltalbahn, 1968 adaptiert zu Bt 94) im Einsatz. Die Überstellung in die Steiermark nach Übelbach erfolgte am 7. und 8. Februar 1996 aus eigener Kraft. Der ET 15/ES 25 behielt aufgrund seines guten Erhaltungszustandes zunächst sein bisheriges rot/orangenes Erscheinungsbild der SZU, am Fahrzeug wurden lediglich die firmeneigenen Embleme aufgebracht. In dieser Lackierung – ergänzt durch aktuell notwendige Anschriften – ist das Fahrzeug nach wie vor im Einsatz, wenngleich nach der Indienststellung der drei Stadler-Triebwagen der Reihe 4062 nur noch als Reservefahrzeug. Der ET 15 verfügt über eine Oerlikon-Druckluftbremsanlage und zusätzlich über eine elektrische Widerstandsbremse. Beschriftet ist er mit A-STLB 94 81 4481 015-7 bzw. BDe 4/4 593. Der Steuerwagen ES 25 steht arbeitslos im Bahnhof Übelbach.

TECHNISCHE DATEN

Hersteller: MFO, BBC, Schlieren
Lieferung: 1968
Indienststellung STLB: 1996
Spurweite: 1.435 mm
Achsfolge: Bo' Bo' + 2' 2'
Länge über Puffer: 2 x 22.350 mm
Gewicht: 52,5 + 27 t
Achslast: 13,2 + 6,75 t
Höchstgeschwindigkeit: 70 km/h
Leistung: 640 kW
Stromsystem: 15 kV/16,7 Hz Wechselstrom
Verwendung/Einsatzgebiet: Regionalzugverkehr Peggau – Übelbach (Reservefahrzeug)
Außerdienststellung: –

Der 4062.002 erstrahlt nach seiner unfallbedingten Ausbesserung im Design der S-Bahn Steiermark (Haltestelle Guggenbach, 14. Januar 2022).

Steiermärkische Landesbahnen

ET 4062.001 bis 003

TECHNISCHE DATEN

Hersteller: Stadler, Bussnang
Lieferung/Indienststellung: 2010/2011
Spurweite: 1.435 mm
Achsfolge: 2' Bo' 2'
Länge über Puffer: 40.890 mm
Gewicht: 72 t
Achslast: 12 t
Höchstgeschwindigkeit: 140 km/h
Leistung: 1.100 kW
Stromsystem 15 kV/16,7 Hz Wechselstrom
Verwendung/Einsatzgebiet: Regionalverkehr zwischen Peggau – Übelbach mit Verlängerung bis Graz
Außerdienststellung: –

Das Bundesland Steiermark hat in den letzten Jahren auf Basis des bestehenden Eisenbahnnetzes ein flächendeckendes S-Bahn-Netz geschaffen und einen dichten Nahverkehr etabliert. Der Startschuss erfolgte zum 9. Dezember 2007 im Großraum Graz, seither ist die Übelbacherbahn als S-Bahn-Linie 11 ein fixer Bestandteil. Um eine Verbesserung des Verkehrsangebotes zu ermöglichen, mietete die Landesbahn zunächst einen ÖBB-Triebwagen der Reihe 4023 an. Die Bestellung für drei Triebwagen der Reihe 4062 des Stadler-Typs GTW 2/6 erfolgte erst im Jahr 2009. Sie wurden zwei Jahre später in Betrieb genommen und machten den bisher eingesetzten ET 15 arbeitslos. Die ET 4062 bestehen aus einem Antriebsmodul, an dem beidseits je ein Steuerwagenmodul angesetzt ist. In diesen Steuerwagenmodulen befinden sich die Fahrgasträume, die über je zwei Schiebetüren pro Fahrzeugseite zu betreten sind. In einem Fahrgastraum sind ein Mehrzweckraum sowie ein behindertengerechtes WC untergebracht. Insgesamt stehen 91 Sitzplätze, sechs Klappsitze sowie eine unbekannte Anzahl an Stehplätzen zur Verfügung. Die ET 4062 erfüllen derzeit alle geforderten Standards in puncto Barrierefreiheit und hohem Fahrgastkomfort, greifen auf die Drehstromantriebstechnik zurück und fahren auf luftgefederten Trieb- und Laufgestellen.

Am 24. Juli 2015 hat der VT 33 mit dem VS 44 auf der oberen Murtalbahn die Haltestelle Wandritsch erreicht.

Steiermärkische Landesbahnen

VT 31 bis VT 35

Mit der Beschaffung dieser Dieseltriebwagen ist den Steiermärkischen Landesbahnen ein absoluter Quantensprung in der Modernisierung des Personenverkehrs auf Schmalspurbahnen gelungen. Sowohl die ÖBB (Reihe 5090) als auch die Zillertalbahn (VT 3 – 8) zogen daraufhin nach. Der Triebwagen besteht aus einem selbsttragenden Wagenkasten und stützt sich auf zwei luftgefederten, zweiachsigen Drehgestellen ab. Im Wagenkasten sind neben dem Fahrgastraum für 64 Personen auch die Luftansaugung, der Auspuff und der Schaltschrank (in Wagenmitte) angeordnet. Die Solo-Triebwagen sind für den Einmannbetrieb konzipiert, deshalb wurden die beiden Führerstände mit Rückspiegeln ausgestattet. Dem raschen Fahrgastwechsel dienen automatische Schwenkschiebetüren und im Fahrzeug integrierte Haltewunschtasten. Die Antriebsanlage besteht aus einem sechszylindrigen MAN-Dieselmotor mit angeflanschtem BBC-Drehstromgenerator. Die Druckluftanlage mit dem Westinghouse-Kompressor für die Knorr-Bremse ist wie die Antriebsanlage unterflurig angeordnet. Die Triebwagen verfügen über Scharfenbergkupplungen, sind vielfachsteuerbar und stehen seit ihrer Inbetriebnahme unermüdlich zwischen Unzmarkt in der Steiermark und Tamsweg im Bundesland Salzburg im Personenzugverkehr mit Steuerwagen im Einsatz.

TECHNISCHE DATEN

Hersteller: Knotz, BBC/Jenbacher, Adtranz
Lieferung/Indienststellung: 1980/1981, 1999*
Spurweite: 760 mm
Achsfolge: Bo' Bo'
Länge über Puffer: 18.000 mm
Gewicht: 28 t
Achslast: 7 t
Höchstgeschwindigkeit: 70 km/h
Leistung: 221 / 250* kW
Verwendung/Einsatzgebiet: Personennahverkehr Murtal
Außerdienststellung: –
* VT 35

Der im Ablieferungszustand lackierte 5047.402 (VT 52) war am 14. Oktober 2014 im Regionalzugdienst zwischen Weiz und Gleisdorf im Einsatz (bei Unterfladnitz).

Steiermärkische Landesbahnen

5047.401 und 402

TECHNISCHE DATEN

Hersteller:	Jenbacher Transportsysteme
Lieferung/Indienststellung:	1992
Spurweite:	1.435 mm
Achsfolge:	2'B'
Länge über Puffer:	25.420 mm
Gewicht:	47 t
Achslast:	11,75 t
Höchstgeschwindigkeit:	120 km/h
Leistung:	419 kW
Verwendung/Einsatzgebiet:	Regionalverkehr Gleisdorf – Weiz
Außerdienststellung:	–

Die Steiermärkischen Landesbahnen konnten sich bereits ab 1990 von den Vorzügen der ÖBB-Dieseltriebwagen der Reihe 5047 überzeugen, da sie für den durchgehenden Verkehr Graz – Gleisdorf – Weiz für zwei Jahre die 5047.016 und 017 angemietet hatten. Weil dieser Mietvertrag zum 31. Oktober 1992 auslief, gaben die Landesbahnen bei den Jenbacher Werken den Bau von zwei fast identischen Triebwagen in Auftrag. Beide wurden im Oktober 1992 fertiggestellt und nach Weiz überstellt. Die 5047 der Landesbahnen unterscheiden sich gegenüber dem ÖBB-Pendant in geringfügigen Bauartänderungen (Berücksichtigung einer Zugzielanzeige über dem Führerstand sowie eine geänderte Innenraumaufteilung mit 73 Sitz- und 40 Stehplätzen). Die WC-Anlage wurde noch in der herkömmlichen Weise ausgeführt, eine Nachrüstung auf ein geschlossenes System war jedoch schon vorbereitet. Auffallend war die abwechslungsreiche Lackierung der beiden Triebwagen, die von den Landesbahnen als VT 51 und VT 52 bezeichnet werden und für den ÖBB-Betrieb die Zweitnummer 5047.401 und 402 erhielten; die aktuellen TSI-Nummern lauten A-STLB 95 81 5047 401-2 und 402-0. Die Fahrzeuge wurden in den damals neuen Hausfarben Verkehrsrot, Perlweiß, Minzgrün und Achatgrau lackiert. Das aktuelle Einsatzgebiet beschränkt sich auf die Linie S31 der Steirischen Verbundlinie, also die Strecken Gleisdorf – Weiz Nord bzw. Weiz Nord – Gleisdorf – Graz Hbf.

Der 5063.001 im neuen grün/weißen Landesbahnen-Design befindet sich am 7. Januar 2022 bei Raaba auf der Fahrt als S31 nach Graz.

Steiermärkische Landesbahnen

5062.001 bis 003

Zeitgleich mit den dreiteiligen GTW 2/6 mit elektrischer Ausrüstung für die Übelbacherbahn (Reihe 4062) wurden bei Stadler in Bussnang auch drei GTW 2/6 als Dieseltriebwagen mit dieselelektrischer Kraftübertragung beschafft. Die Bestellung der als 5062.001 bis 003 bezeichneten Fahrzeuge geht ebenfalls auf die Ausbildung des landesweiten S-Bahn-Netzes im Bundesland Steiermark zurück. In einer zweiten Umsetzungsphase wurden die Steierische Ostbahn als S3 und die Landesbahnstrecke nach Weiz als S31 in den Grazer Linienstern integriert. Die drei GTW 2/6 sind baugleich mit jenen der Übelbacherbahn, allerdings ist die Antriebsanlage mit jener der GKB-Reihe 5063 vergleichbar. Die redundante Antriebsanlage besteht aus zwei Antriebssträngen mit je einem Dieselmotor und angeflanschtem Asynchrongenerator, der über die IGBT-Stromrichter die Asynchronfahrmotoren im Antriebsmodul mit Fahrstrom versorgt. Alle GTW-Triebwagen in der Steiermark gehören der vierten Fahrzeuggeneration an, die die seit 2008 gültigen EU-Crashnormen berücksichtigt, und zeichnen sich durch helle Fahrgasträume mit großen Panoramascheiben aus. Bis zu vier Triebwagen können gemeinsam gesteuert werden, die Fahrzeuge verfügen nur über eine Mittelpufferkupplung. Die TSI-Nummern lauten A-STLB 95 81 5062 001-0 bis 003-6.

TECHNISCHE DATEN

Hersteller: Stadler, Bussnang
Lieferung/Indienststellung: 2010
Spurweite: 1.435 mm
Achsfolge: 2' Bo' 2'
Länge über Puffer: 40.890 mm
Gewicht: 68 t
Achslast: 11,2 t
Höchstgeschwindigkeit: 140 km/h
Leistung: 640 kW
Verwendung/Einsatzgebiet: Regionalzüge Graz – Gleisdorf – Weiz
Außerdienststellung: –

Am 10. Mai 2019 wurde die neue Bombardier-Lok 1187.333 der Öffentlichkeit präsentiert und in Ebensee auf den Namen „Barbara" getauft.

Stern & Hafferl

1187.333

TECHNISCHE DATEN
Hersteller: Bombardier
Lieferung/Indienststellung: 2018
Spurweite: 1.435 mm
Achsfolge: Bo' Bo'
Länge über Puffer: 18.900 mm
Gewicht: 87 t
Achslast: 21,75 t
Höchstgeschwindigkeit: 140 km/h
Leistung: 4.000 kW + 230 kW
Verwendung/Einsatzgebiet: Lokaler Güterverkehr
Außerdienststellung: –

Stern & Hafferl erbringt im Auftrag für die ÖBB Rail Cargo Austria Güterverkehrsleistungen im Eferdinger Becken und im Salzkammergut. Diese Verkehre wickelten viele Jahre die vier Maschinen der Reihe 2016.900 ab. Der Einsatz einer Diesellok für den Kalkverkehr der Firma Hatschek zwischen Gmunden und Ebensee ist dem Umstand geschuldet, dass die Anschlussbahn in Ebensee nicht elektrifiziert ist. Deshalb erwarb Stern & Hafferl eine „Last-Mile"-Hybridlokomotive der Bombardier-Type TRAXX F160 AC3 LM, die seit dem 28. September 2018 als 187.333 (Fabriknummer 35513/18) im Salzkammergut im Einsatz steht. Sie ist verkehrsrot lackiert und trug zunächst die Anschriften des neuen Eigentümers, am Langträger ist die NVR-Nummer A-STH 91 81 1187 333-0 angeschrieben. Offiziell vorgestellt wurde das Einzelstück am 10. Mai 2019 im Rahmen einer Feierlichkeit am Fuße des Steinbruchs der Firma Hatschek in Ebensee. Die Lok wird im Tagesverkehr mit Güterzügen zwischen Attnang-Puchheim und Ebensee verwendet, sowie im Kalkverkehr zwischen Gmunden und Ebensee, wobei mit dem eingebauten 230 kW starken Dieselmotor auch die „umweltfreundliche" Bedienung der Anschlussbahnen in Gmunden und Ebensee möglich ist.

Am 26. Januar 2000 präsentierte sich die ehemalige Lok 14 der Tegernseebahn im neuen Design als V 20.011 von Stern & Hafferl in Vorchdorf.

Stern & Hafferl

V 20.011

Die Neuordnung des Personennahverkehrs im Bayerischen Oberland samt Umstellung auf das Flügelzugkonzept mit Triebwagen des Typs „Integral" der Jenbacher Werke bedeutete für die Tegernseebahn das Aus als Nahverkehrsmittel und machte das vorhandene Rollmaterial arbeitslos. Im Fuhrpark der Tegernseebahn befand sich eine dieselhydraulische Drehgestelllokomotive mit der Nummer 14 (MaK-Typ G 1203 BB), deren Antriebsanlage aus einem MTU-Dieselmotor und dem Voith-Turbogetriebe L4r4zU2 besteht. Die Lok wurde mangels weiteren Bedarfs im Jahre 1999 an Stern & Hafferl veräußert. Stern & Hafferl reihte sie als V 20.011 in den Bestand ein, die zusätzlich angeschriebene UIC-Nummer lautet A-STH 92 81 2020 011-0. Die Anpassung an die betriebseigenen Normen erfolgte in der Werkstätte Vorchdorf. Für das zukünftige Einsatzgebiet wurde eine Zugfunkanlage eingebaut und die V 20.011 erhielt eine Neulackierung in den Hausfarben von Stern & Hafferl. Seit dem 14. Juli 2010 präsentiert sie sich im rot/gelben Design. Einsatzgebiet war zunächst der Sondermülltransport auf der „Haager Lies" von Bachmanning nach Lambach. Nach der Streckenauflassung wird die Lokomotive im lokalen Güterverkehr zwischen Lambach und Stadl-Paura eingesetzt.

TECHNISCHE DATEN

Hersteller: MaK
Lieferung: 1982
Indienststellung Stern & Hafferl: 1999
Spurweite: 1.435 mm
Achsfolge: B' B' dh
Länge über Puffer: 12.500 mm
Gewicht: 70 t
Achslast: 17,5 t
Höchstgeschwindigkeit: 70 km/h
Leistung: 745 kW
Verwendung/Einsatzgebiet: Lokaler Güterverkehr
Außerdienststellung: –

Die V 20.012 zeigte sich im neuen Design, als sie am 1. Mai 2012 mit dem SPz 8453 bei Weizelsdorf auf dem GKB-Streckennetz im Einsatz war.

Stern & Hafferl

V 20.012

TECHNISCHE DATEN
Hersteller: MaK
Lieferung: 1992
Indienststellung Stern & Hafferl: 2003
Spurweite: 1.435 mm
Achsfolge: B' B' dh
Länge über Puffer: 12.800 mm
Gewicht: 72 t
Achslast: 15 t
Höchstgeschwindigkeit: 90 km/h
Leistung: 1.117 kW
Verwendung/Einsatzgebiet: Güterverkehr
Außerdienststellung: –

Im Text über die V 1500 der Graz-Köflacher Bahn wurde bereits berichtet, dass sich die GKB im Jahre 2003 von ihrem Einzelstück V 1500.7 (MaK-Typ G 1205) trennte, weil sie sich durch die abweichenden Hauptabmessungen von den Serien-V 1500 wesentlich unterscheidet. Die Lokomotive wurde von Stern & Hafferl erworben, wo sie die Betriebsnummer V 20.012 erhalten hat. Sie erhielt eine Neulackierung in den Unternehmensfarben: Dunkelrot für den Fahrzeugaufbau mit grauen Absetzstreifen und Grau für das Dach und das Fahrwerk. Diese Lackierung wurde am 28. Juni 2010 durch das aktuelle gültige Design in Rot mit gelben Absetzstreifen an den Vorbauten ersetzt. Die Lokomotive ist in Vorchdorf beheimatet und gelangt von dort aus für Güterverkehre zum Einsatz. Mit ihrer ÖBB-Netzzulassung kann sie problemlos auch auf ÖBB-Strecken verkehren, wie der zeitweise Einsatz im Cargo Center Graz belegt. Hierfür wurde die TSI-Nummer A-STH 92 81 2020 012-8 angeschrieben. Die Lokomotive steht heute für Güterverkehre im Raum Lambach zur Verfügung, kann jederzeit als fahrdrahtunabhängige Fahrzeugreserve auf allen normalspurigen Gleichstromstrecken von Stern & Hafferl eingesetzt werden und dient zudem als Ersatzlok für die EuroRunner von Siemens.

Im Ortsgebiet von Obertraun wurde die 2016.911 von Stern & Hafferl am 22. April 2015 mit dem Vg 76871 von Bad Aussee nach Ebensee fotografiert.

Stern & Hafferl

2016.910 bis 913

Die grundlegende Modernisierung des ÖBB-Fuhrparks hinterließ ihre Spuren auch im Privatbahnsektor. Mit der Beschaffung der dieselelektrischen Streckenlokomotive der Reihe 2016, die bei Siemens als EuroRunner 20 (ER 20) geführt wird, gelangten zahlreiche EuroRunner zu österreichischen Privatbahnen. Stern & Hafferl nutzte als eine der ersten Bahngesellschaften die Möglichkeit, ein nagelneues Exemplar zu erwerben. Die 92 81 2016 910-9 wurde im November 2008 nach Wiener Neustadt zur Komplettierung in der ÖBB-Werkstätte überstellt und steht Stern & Hafferl seit dem 1. Dezember 2008 zur Verfügung. Ihr folgte im September 2009 die 2016.911-7, die zusätzlich mit einer Verschub-Funkfernsteuerung ausgestattet ist. Das Einsatzgebiet erstreckt sich auf mehrere Strecken in Oberösterreich, vorzugsweise werden Güterzüge auf der Aschauer Bahn bespannt. Die 2016.911 wurde für die „mobiler"-Verkehre zwischen Laakirchen und Linz beschafft. Mit der Übernahme des Güterverkehrs im Salzkammergut zwischen Attnang-Puchheim und Bad Aussee wurden zwei weitere EuroRunner in der Ausführung der 2016.911 benötigt. Diese trafen im Juli 2012 im ÖBB-TS-Werk Linz zur Lackierung und Komplettierung ein und wurden anschließend als 2016.912-5 und 913-3 an Stern & Hafferl übergeben. Die vier Loks sind verkehrsrot lackiert, unterschiedliche Unternehmens- bzw. Landschaftsmotive zieren die Seitenwände.

TECHNISCHE DATEN

Hersteller: Siemens
Lieferung/Indienststellung: 2008, 2009, 2012
Spurweite: 1.435 mm
Achsfolge: Bo'Bo'
Länge über Puffer: 19.275 mm
Gewicht: 80 t
Achslast: 20 t
Höchstgeschwindigkeit: 140 km/h
Leistung: 2.000 kW
Verwendung/Einsatzgebiet: Güterzugverkehr in Oberösterreich
Außerdienststellung: –

Auf den Seitenwänden der 247.905 waren Motive der Geschäftsfelder von Stern & Hafferl zu sehen – wie auch bei den 2016 von Stern & Hafferl (Wels, 12. April 2019).

Stern & Hafferl

247.905

TECHNISCHE DATEN
Hersteller: Siemens
Lieferung/Indienststellung: 2017
Spurweite: 1.435 mm
Achsfolge: Bo' Bo' de
Länge über Puffer: 19.980 mm
Gewicht: 82 t
Achslast: 20,5 t
Höchstgeschwindigkeit: 160 km/h
Leistung: 2.400 kW
Verwendung/Einsatzgebiet: Güterzugverkehr in Oberösterreich
Außerdienststellung: 2021

Siemens erhoffte sich nach dem Erfolg mit den Vectron-Elektroloks einen ebensolchen bei der Weiterentwicklung der Diesellokflotte, die auf dem EuroRunner 20 aufbauen sollte. Die Weiterentwicklung zum Vectron war der EU-Norm EN 15227 geschuldet. Siemens fertigte mehrere dieselelektrische Vectrons und stellte sie als Vorführfahrzeuge auch österreichischen Eisenbahngesellschaften für Test- und Präsentationsfahrten zur Verfügung. So traf am 28. November 2017 die als D-STH 92 80 1247 905-3 bezeichnete Lokomotive bei der Betriebszentrale Eferding der Linzer Lokalbahnen (LILO) ein. Stern & Hafferl setzte sie ab dem 11. Dezember 2017 mit Überstellgüterzügen von Linz Verschiebebahnhof nach Ebensee, im Güterverkehr zwischen Wels und Aschach an der Donau und im Raum Lambach – Steyrermühl – Laakirchen ein, gelegentlich waren auch grenzüberschreitende Verkehre nach Deutschland zu verzeichnen. Selten waren hingegen Fahrten nach Bad Aussee. Am 18. Mai 2018 erfolgte die Taufe der Lok auf den Namen „Elisabeth". Stern & Hafferl hat sich im Sommer 2020 entschlossen, einen Vectron Dual Mode zu bestellen, dem Ende Februar 2021 noch drei weitere folgten. Die Auslieferung ist für 2022 geplant. Deshalb wurde die 247.905 im Jahr 2021 an die BBW Bahnbau Wels GmbH als D-BBW 92 80 1247 905-3 (Rhomberg Bahntechnik) veräußert.

Der ET 20.111 (B4ET 94 81 4944 001-8) wartete am 26. Juli 2019 im Bahnhof Vorchdorf-Eggenberg auf die Abfahrt nach Lambach.

Stern & Hafferl

ET 20.109 bis 111 („Extertaler")

Stern & Hafferl konnte in den Jahren 1969 und 1970 drei Solo-Triebwagen von der Extertalbahn mit den Betriebsnummern 4 bis 6 übernehmen, die diese Triebwagen bis zur Betriebseinstellung des Personenverkehrs auf der Strecke zwischen Barntrup und Rinteln einsetzte. Die Fahrzeuge wurden dort unter 1100 V Gleichstrom betrieben und konnten ohne besondere Anpassungen im elektrischen Teil unter 750 V auf der Lokalbahn Vorchdorf-Eggenberg – Lambach eingesetzt werden. Geringfügige Adaptionen fanden hingegen im mechanischen Teil statt, darüber hinaus wurden die Fahrzeuge neu lackiert. Die Umzeichnung in das eigene Nummernschema erfolgte unsystematisch. Aus den Triebwagen 4 und 5 wurden die ET 20.110 und 20.111 für die LVE, die zugleich auch die UIC-Nummern 90 35 0020 110-3/111-1 trugen, bei Letzterem ist heute die TSI-Nummer 94 81 4944 001-8 angeschrieben. Der ehemalige Extertal-Triebwagen 6 wurde als ET 20.109 in Betrieb genommen und von der Salzburger Lokalbahn als ET 21 auf der Lokalbahn Bürmoos – Trimmelkam eingesetzt. Später kehrte er zur LVE zurück und erhielt die Anschrift A-STH 94 81 4944 000-0. Der Fahrgastraum mit 60 Sitzplätzen ist über je zwei große Schwenkschiebetüren betretbar. Er ist als Großraumabteil ausgebildet und verfügt über einen kleineren Abstellbereich.

TECHNISCHE DATEN

Hersteller: Rastatt, Westwaggon/AEG
Lieferung: 1953
Indienststellung Stern & Hafferl: 1970
Spurweite: 1.435 mm
Achsfolge: Bo' Bo'
Länge über Puffer: 17.300 mm
Gewicht: 26,5 t
Achslast: 6,6 t
Höchstgeschwindigkeit: 70 km/h
Leistung: 220 kW/320 kW*
Stromsystem: 750 V Gleichstr.
Verwendung/Einsatzgebiet: Nahverkehr Vorchdorf-Eggenberg – Lambach
Außerdienststellung: –
* ET 20.111

Stern & Hafferl

E 22.001, 004 und 005

(vormals E 20.001, 002 und 004 bis 006)

TECHNISCHE DATEN

Hersteller: Ganz
Lieferung: 1916, 1914, 1915
Indienststellung Stern & Hafferl: 1935*, 1941, 1956
Spurweite: 1.435 mm
Achsfolge: Bo' Bo'
Länge über Puffer: 11.700 mm
Gewicht: 30 t
Achslast: 7,5 t
Höchstgeschwindigkeit: 40 km/h
Leistung: 192 kW
Stromsystem: 750 V Gleichstrom
Verwendung/Einsatzgebiet: Güterverkehr auf der Linzer Lokalbahn
Außerdienststellung: –
* E 22.001

Diese mittlerweile mehr als 100 Jahre alten Fahrzeuge können auf eine sehr bewegte Geschichte zurückblicken. Die Drehgestell-Elektrolokomotiven mit symmetrischem Fahrzeugaufbau wurden für die Preßburgerbahn (POHÉV) und für die Werkbahn der Munitionsfabrik in Wöllersdorf gefertigt. Mit dem Zerfall der Donaumonarchie sind einige Fahrzeuge der Preßburgerbahn im Gebiet der heutigen Slowakei bei der POHÉV (Eg 5 und 6) verblieben, waren dort abgestellt und wurden im Jahre 1941 an Stern & Hafferl als E 22.003 und E 20.004 (ab 1995 E 22.004) verkauft. Letztgenannte Maschine wurde am 26. Oktober 2011 an das Eisenbahnmuseum Bratislava veräußert. Bereits 1935 bzw. 1939 gelang der Ankauf der Lokomotiven Wöllersdorf I (spätere E 20.001; seit 1994 beim VEF in Schwechat), IV (spätere E 20.002; Brandschaden 1944) und III als E 22.001, die dank der Vielfachsteuerung eine neue Verwendung im Güterverkehr fand. Nach dem Zweiten Weltkrieg wurden zwei weitere baugleiche Lokomotiven übernommen. Die ehemalige Lokomotive Wöllersdorf II kam zunächst zur BBÖ, zur DRB sowie zu den ÖBB. Nach leihweisem Einsatz wurde sie am 1. Juli 1956 gekauft und als E 20.005 bzw. E 22.005 eingereiht. Die letzte Lokomotive (E 20.006) war ebenfalls in Staatsbahndiensten, stammt von der Preßburgerbahn (Eg 3) und war von 1949 bis 1955 angemietet. Im Betriebsdienst stehen nur noch die E 22.001 (A-STH 91 81 1940 000-3) und E 22.005 (A-STH 91 81 1940 001-1); die E 22.004 ist an die Museumstramway in Mariazell verliehen.

Streckeneinsätze gibt es nur selten, die E 22.001 und 005 sind meist im Bahnhof Eferding abgestellt (E 22.005 mit Leitl-Werbeanschrift, 12. April 2015).

Oldtimer unter sich: Recht zierlich wirkt die zweiachsige E 22.002 (links), die ehemalige E 1 der Lokalbahn Linz – Waizenkirchen (Eferding, 23. April 1985).

Stern & Hafferl

E 22.002

Ein interessantes Einzelstück im Fahrzeugbestand von Stern & Hafferl ist die E 22.002 der Linzer Lokalbahn, deren Konstruktion sehr den Ausführungen aus der Zeit kurz vor Ausbruch des Ersten Weltkriegs entspricht (siehe auch E 1 und E 2 der Lokalbahn Mixnitz – St. Erhard in der Steiermark). Die E 22.002 wurde 1912 als Lok E 1 der Lokalbahn Linz – Waizenkirchen in Betrieb genommen und kam 1943 zur Linzer Lokalbahn. Dort erhielt sie neben dem Beinamen „Liesi" die heute noch gültige Betriebsnummer E 22.002. In den beiden Vorbauten der zweiachsigen Mittelführerstandslok ist jeweils ein Tatzlagermotor mit einer Untersetzung von 1 : 5,6 angeordnet. Das Führerpult ist zentral in der Führerstandsmitte situiert. Die Ansteuerung der beiden Fahrmotoren erfolgt über den im Fahrpult befindlichen Kontroller mit 14 Fahrstufen. Die Bremsausrüstung der E 22.002 besteht – abgesehen von einer E-Bremse bzw. der Handbremse – nur aus einer Vakuumbremse, womit die Beförderung von Güterwagen ohne Saugluftbremse ausscheidet. Stern & Hafferl ließ die heutige Nostalgielokomotive zur 75-Jahr-Feier der Lokalbahn Linz – Eferding – Waizenkirchen mustergültig renovieren. Seither präsentiert sich das Schmuckstück in moosgrüner Lackierung für den Wagenkasten, mit einem schwarz lackierten Fahrwerk sowie einer grauweiß lackierten Dachpartie.

TECHNISCHE DATEN

Hersteller: Graz/SSW
Lieferung/Indienststellung: 1912
Spurweite: 1.435 mm
Achsfolge: Bo
Länge über Puffer: 6.900 mm
Gewicht: 19 t
Achslast: 9,5 t
Höchstgeschwindigkeit: 25 km/h
Leistung: 74 kW
Stromsystem: 750 V Gleichstrom
Verwendung/Einsatzgebiet: Nostalgieeinsatz auf der Linzer Lokalbahn
Außerdienststellung: –

ET 22.106 bis 108

TECHNISCHE DATEN

Hersteller: SGP Graz/Elin
Lieferung/Indienststellung: 1950/1951
Indienststellung Stern & Hafferl: 1991*
Spurweite: 1.435 mm
Achsfolge: Bo' Bo'
Länge über Puffer: 16.900 mm
Gewicht: 39 t
Achslast: 9,75 t
Höchstgeschwindigkeit: 60 km/h
Leistung: 376 kW
Stromsystem: 750 V Gleichstrom
Verwendung/Einsatzgebiet: Reservefahrzeuge auf der Linzer Lokalbahn
Außerdienststellung: 2006 (ET 22.108, Verkauf)
* ET 22.108

Zeitgleich mit der Beschaffung neuer Lokomotiven wurden 1951 zur Verbesserung des Fahrkomforts im Personennahverkehr die beiden Triebwagen ET 22.106 und ET 22.107 in Dienst gestellt. Es waren die ersten Neubautriebwagen für die Linzer Lokalbahn (LILO) nach den Fahrzeugen aus den Jahren 1912 bzw. 1921. Zusätzlich wurden sechs vierachsige Beiwagen erworben, von denen zwei Gepäckabteile aufwiesen. Der Wagenkasten und der Rahmen der Triebwagen wurde in geschweißter Stahlbauweise hergestellt und stützt sich mittels Drehgestellwiege an den ebenfalls geschweißten Drehgestellen ab. In den Drehgestellquerträgern sind die vier Tatzlagermotore aufgehängt, deren Kraftübertragung mit einer Übersetzung von 1 : 5,6 über ein einseitiges Stirnradvorgelege auf die Achsen erfolgt. Die Steuerung erfolgt über eine 17-stufige Schützensteuerung. Die Dachausrüstung umfasst unter anderen zwei Scherenstromabnehmer der Bauart Siemens. Im Wagenkasten sind zwei Endführerstände sowie ein Fahrgastraum mit 48 Sitzplätzen in zwei Abteilen untergebracht. Die Plattformen verfügen über jeweils vier Klappsitze und 14 Stehplätze. Als Bremssysteme sind eine Vakuumbremse der Bauart Hardy und eine Handspindelbremse vorhanden. Beide Triebwagen kamen zunächst zur LILO. Der ET 22.106 wurde 1998 zum ET 20.112 und kurz darauf zum ET 21.106 umgezeichnet. Der ET 22.107 wurde 1994 zum ET 20.114 und ein Jahr später zum ET 21.107. Heute tragen beide Triebwagen wieder ihre ursprünglichen Betriebsnummern, dazu die TSI-Nummern 94 81 4941 000-3 und 001-1. Erwähnt sei noch, dass es sich beim ET 22.108 um den 1991 übernommenen ET 32 der SLB handelt. Er wurde 2006 wieder zurückgegeben.

Die Neubautriebwagen der Nachkriegszeit stehen noch im Planeinsatz: ET 22.106 am 23. Juli 2020 als Regionalzug 8116 bei Stefansdorf.

ET 22.130 bis 136 ES 22.230 bis 236, XET 22.137

Ende der 1960er-Jahre wurde die Modernisierung des Fuhrparks durch drei Neubaufahrzeuge angestrebt, die Umsetzung scheiterte letztlich aber an der Finanzierung. Eine weitere Möglichkeit ergab sich im Jahre 1970. Stern & Hafferl erwarb von der Köln-Frechen-Benzelrather-Eisenbahn (KFBE) sieben Triebwagengarnituren, bestehend aus je einem Triebwagen (ET 22.130 – 136) und einem Steuerwagen (ES 22.230 – 236), sowie zusätzlich einem weiteren Triebwagen. Die notwendigen Umbauarbeiten erwiesen sich langwieriger, als zunächst geplant, dafür kam die Linzer Lokalbahn sehr rasch und vor allem sehr preiswert zu modernen Regionalbahntriebwagen. Die Fahrzeuge bestehen aus zwei baugleichen Wagenhälften, die an einem Wagenende miteinander verbunden sind. Für den Fahrgastwechsel der Wagenhälften, die je 49 Sitzplätze aufweisen, dient ein Übergang. Eine Wagenhälfte ist mit einem Antrieb versehen. Die vier Fahrmotore sind in den Drehgestellen gelagert, die übrige Antriebsanlage ist unterflurig angeordnet. Der achte Triebwagen wurde 1979 bei VOEST-Alpine in Linz zu einem Zweirichtungstriebwagen umgebaut, als ET 22.137 bezeichnet und steht seither als Erhaltungs- und Fahrradtriebwagen zur Verfügung. Die Ablieferung der Stadler-Triebwagen ET 22.151 bis ET 22.164 führte zum Ausscheiden von fünf Garnituren. Im Bestand befinden sich noch die ET 22.133/ES 22.233 und ET 22.136/ES 22.236 (A-STH 94 81 4942 000-2 und 001-0) sowie der ET 22.137 (A-STH 94 81 4943 000-1).

TECHNISCHE DATEN

Hersteller: Westwaggon/Kiepe
Lieferung: 1953/1954
Indienststellung Stern & Hafferl: 1970/1979*
Spurweite: 1.435 mm
Achsfolge: Bo' Bo' + 2' 2'/Bo' Bo'*
Länge über Puffer: 2 x 15.750 mm/15.750 mm*
Gewicht: 24,1 + 18,5 t/24,1 t*
Achslast: 6,03 + 4,63 t/6,03 t*
Höchstgeschwindigkeit: 60 km/h
Leistung: 272 kW/240 kW*
Stromsystem: 750 V Gleichstrom
Verwendung/Einsatzgebiet: Reservefahrzeuge auf der Lokalbahn Vorchdorf-Eggenberg – Lambach
Außerdienststellung: –
* ET 22.137

Die zweiteiligen Triebwagengarnituren kommen nur noch selten zum Einsatz: ET 22.133/ES 22.233 am 24. Oktober 2021 zwischen Krößwang und Feldham.

Der ET 22.163 aus der Nachbauserie fuhr am 23. Juli 2020 bei Pötting als Regionalzug 8121 nach Neumarkt-Kallham.

TECHNISCHE DATEN

Hersteller:	Stadler/Adtranz, Bombardier
Lieferung/Indienststellung:	2000, 2005*
Spurweite:	1.435 mm
Achsfolge:	2' Bo' 2'
Länge über Puffer:	38.200 mm
Gewicht:	56 t/60 t*
Achslast:	9,34 t/10 t*
Höchstgeschwindigkeit:	120 km/h
Leistung:	520 kW
Stromsystem:	15 kV/16,7 Hz Wechselstrom und 750 V Gleichstrom
Verwendung/Einsatzgebiet:	Nahverkehr auf der Linzer Lokalbahn
Außerdienststellung:	–

* ET 22.159 – 22.164

Stern & Hafferl

ET 22.151 bis 164

Seit 18. November 2005 beginnen und enden die Züge der Linzer Lokalbahn in Linz nicht mehr im Lokalbahnhof, sondern im Hauptbahnhof. Dafür war die Beschaffung von vollbahntauglichen Zweisystemfahrzeugen notwendig, die auch unter 15 kV/16,7 Hz Wechselstrom einsetzbar sind. 1998 wurden bei Stadler acht Zweirichtungstriebwagen mit Niederfluranteil des Typs GTW 2/6 bestellt. Die elektrische Ausrüstung erfolgte durch Adtranz Austria im ÖBB-TS-Werk Linz. Das erste Fahrzeug wurde am 26. Januar 2000 feierlich übergeben, die anderen jeweils mit einem Abstand von einem Monat. 2003 wurde die Option über weitere sechs Fahrzeuge gezogen, den elektrischen Teil lieferte nun Bombardier. Die Erstserie mit 126 Sitz- (Anordnung 2 + 3) und 108 Stehplätzen sowie die Nachbauserie mit 118 Sitz- und 112 Stehplätzen haben wesentlich zur Modernisierung und Attraktivierung des Nahverkehres im Eferdinger Becken beigetragen und die Abstellung älterer Triebwagengenerationen (ET 22.141 ff.) eingeleitet. Alle Triebwagen verfügen über Zugfunk und Sifa. Die anfänglich angeschriebenen UIC-Nummern 91 35 9022 151-5 bis 164-1 wurden im Mai 2011 auf die TSI-Nummern A-STH 94 81 4822 151-8 bis 164-1 geändert.

Die E 24.010 kommt nicht nur vor Fotogüterzügen, wie hier am 24. Oktober 2021 bei Bad Wimsbach-Neydharting, zum Einsatz.

Stern & Hafferl

E 24.010

Stern & Hafferl übernahm 1980 von den Wuppertaler Stadtwerken (WSW) zwei vierachsige Drehgestell-Lokomotiven, nachdem die mit 600 V Gleichstrom betriebene Güterschleppbahn Loh – Hatzfeld eingestellt wurde. Stern & Hafferl zeichnete sie in E 20.009 und 010 um. Die E 20 009 (ex WSW 3609, Baujahr 1912) kam 1988 als E 22.006 zur Linzer Lokalbahn und wurde im März 2006 in Lambach verschrottet; die Schwestermaschine (WSW 3608) war ab 1982 auf der Vorchdorfer Strecke im Einsatz, wurde aber erst 1990 als E 24.010 (TSI-Nummer: A-STH 91 81 1942 000-1) in das Eigentum der LVE übertragen. Sie ist seither in Vorchdorf beheimatet und wird im Güterverkehr eingesetzt. Sie fällt durch die symmetrische Anordnung des Fahrzeugteils und durch ihren schmalen Aufbau auf, was Stern & Hafferl bewog, im Bereich der Führerstandstüre einen auskragenden „Balkon" anzubauen und die Verschieberauftritte zu verbreitern. Beide Lokomotiven wurden bei der Übernahme grundsätzlich im WSW-Letztzustand belassen, allerdings waren geringfügige Adaptionen für den Betrieb auf den eigenen Strecken notwendig. Dies machte sich in der nachträglichen Bestückung mit einem ÖBB-Stromabnehmer bemerkbar. Die Ballastgewichte in den Drehgestellen wurden bereits früher montiert. Der Antrieb erfolgt über vier in den Drehgestellen gelagerte Tatzlagermotore. Die Bedienung der Maschine erfolgt über ein mittig im Führerstand situiertes Fahrpult.

TECHNISCHE DATEN

Hersteller: Maffei/Siemens
Lieferung: 1910
Indienststellung Stern & Hafferl: 1980
Spurweite: 1.435 mm
Achsfolge: Bo' Bo'
Länge über Puffer: 8.810 mm
Gewicht: 33 t
Achslast: 8,25 t
Höchstgeschwindigkeit: 40 km/h
Leistung: 300 kW
Stromsystem: 750 V Gleichstrom
Verwendung/Einsatzgebiet: Güterverkehr
Außerdienststellung: –

Der ET 125 fährt am 2. August 2018 als Zug 8316 auf der Attergaubahn unweit der Haltestelle Haid zum Endbahnhof Attersee.

Stern & Hafferl

ET 121 bis 131

TECHNISCHE DATEN

Hersteller: Vossloh Kiepe
Lieferung/Indienststellung: 2015 – 2017
Spurweite: 1.000 mm
Achsfolge: Bo' 2' Bo'
Länge über Puffer: 32.000 mm
Gewicht: 41,3 t
Achslast: 6,9 t
Höchstgeschwindigkeit: 70 km/h
Leistung: 400 kW
Stromsystem: 600 V und 750 V Gleichstrom
Verwendung/Einsatzgebiet: Attergaubahn, Traunseebahn
Außerdienststellung: –

Die Errichtung der StadtRegioTram Gmunden als einmaliges Großbauprojekt auf schmaler Spur samt zeitgleicher Verknüpfung der Gmundner Straßenbahn mit der Lokalbahn Vorchdorf – Gmunden erforderte die Beschaffung von elf Triebwagen. Die Wahl fiel auf die Tramlink-V3-Triebwagen von Vossloh Espana und Vossloh Kiepe Wien. Bei diesen Fahrzeugen handelt es sich um fünfteilige, vollständig klimatisierte Niederflurwagen. Sie sind 32 m lang, verfügen über 76 Sitzplätze, davon 16 als Klappsitze ausgeführt, 100 Stehplätze, einen großzügigen Multifunktionsbereich, Komfortzonen mit Ablagetischen und Steckdosen sowie über Front- und Heckkameras und Rückblickkameras. Der Tramlink-V3 ist nach den Kollisionsnormen für Straßenbahnen und Lokalbahnen ausgelegt. Die Wagenkastenstruktur besteht aus Edelstahl, der Antrieb weist vier Fahrmotore auf. Wegen der engen Kurven in Gmunden ist das Fahrzeug nur 2,4 m breit und kann minimale Kurvenradien von 17 m durchfahren. Das erste, dritte und fünfte Fahrzeugelement ist jeweils mit einem Achsenpaar versehen, das mittlere ist ohne Antrieb. Die Triebwagen werden im Stadtbereich bis Engelhof mit 600 V betrieben, auf der Überlandstrecke mit 750 V Gleichstrom. Die Einstiegshöhe beträgt lediglich 290 mm. Drei Triebwagen sind auf der Attergaubahn zwischen Attersee und Vöcklamarkt im Einsatz.

ET 301 bis 326, ET 351 bis 356

Zur Modernisierung des Innsbrucker Straßenbahnnetzes wurde im Rahmen des Regionalbahnkonzepts 2005 die Beschaffung von 22 neuen Niederflurtriebwagen des Typs Flexity Outlook beschlossen, weitere zehn wurden im Dezember 2012 bestellt. Sie ersetzten die seit 1976 im Einsatz befindlichen „Ex-Hagener" mit den Betriebsnummern 81 bis 88. Diese Gelenktriebwagen wurden von DUEWAG gebaut und hatten eine Leistung von 110 kW. Da die neuen Niederflurwagen auch die Stubaitalbahn bedienen, sich optisch aber nicht unterscheiden, erhielten sie einen eigenen Nummernkreis. Die Fahrzeuge der Innsbrucker Verkehrsbetriebe tragen die Betriebsnummern 301 – 326 und dienen zur Betriebsabwicklung in der Stadt, während die Triebwagen 351 – 356 zum Einsatz auf der zirka 18 km langen Stubaitalbahn bestimmt sind. Zwei dieser mehrgliedrigen Straßenbahngarnituren (ET 307 und 320) waren übergehend an Stern & Hafferl für die Traunseebahn vermietet. Die Zweirichtungsfahrzeuge weisen pro Fahrzeugseite vier Schwenkschiebetüren auf. Im Fahrgastraum mit seinen großen Panoramafenstern sind 58 Sitz- und 102 Stehplätze vorgesehen, allerdings ist die Bestuhlung unterschiedlich ausgeführt. Der Wagenkasten ruht auf dem mittleren Laufdrehgestell sowie den beiden äußeren Triebdrehgestellen mit einem Drehstrom-Asynchronmotor pro Achse. Die Fahrzeuge sind für den Straßenbahnbetrieb mit einer Weichensteuerung ausgestattet und verfügen über ein integriertes Informationssystem.

TECHNISCHE DATEN

Hersteller: Bombardier/Elin
Lieferung/Indienststellung: 2007 – 2014
Spurweite: 1.000 mm
Achsfolge: Bo' 2' Bo'
Länge über Puffer: 27.600 mm
Gewicht: 37,9 t/49,8 t (beladen)
Achslast: 6,32 t/8,3 t
Höchstgeschwindigkeit: 70 km/h
Leistung: 400 kW
Stromsystem: 840 V Gleichstrom
Verwendung/Einsatzgebiet: Stubaitalbahn/Innsbrucker Straßenbahn
Außerdienststellung: –

Der Triebwagen 353 wurde am 25. August 2009 zwischen Hölltal und Natters vor der Kulisse der Nordkette im Bild festgehalten.

Der fabrikneue 4010.024 wurde am 29. Oktober 2021 auf der Fahrt als WB 912 von Wien-Westbahnhof nach Salzburg Hbf zwischen Neumarkt-Köstendorf und Weng fotografiert.

Westbahn GmbH

4010.018 bis 032

TECHNISCHE DATEN
Hersteller: Stadler
Lieferung/Indienststellung: 2020 – 2021
Spurweite: 1.435 mm
Achsfolge: Bo' Bo' + 2' 2' + 2' 2' + 2' 2' + 2' 2' + Bo' Bo'
Länge über Puffer: 150.000 mm
Gewicht: 296 t
Achslast: 12,34 t
Höchstgeschwindigkeit: 200 km/h
Stromsystem: 15 kV/16,7 Hz Wechselstrom
Verwendung/Einsatzgebiet: IC-Verkehre Wien – Salzburg – München/Innsbruck
Außerdienststellung: –

Die Westbahn GmbH machte sich die Liberalisierung des Eisenbahnwesens in Österreich zunutze und ist sehr früh in den Fernverkehrsmarkt eingestiegen. Treibende Kraft waren der frühere ÖBB-Personenverkehrsvorstand Stefan Wehinger und der Bau-Tycoon Hans-Peter Haselsteiner. Die 2008 gegründete Gesellschaft orderte im Juni 2009 sieben sechsteilige, 200 km/h schnelle Doppelstock-Triebzüge KISS 1, die der SBB-Reihe RABDe 511 vergleichbar sind. Diese Fahrzeuge wurden zwischenzeitlich an die DB AG verkauft. Als Ersatz bestellte die Westbahn bei Stadler 15 sechsteilige KISS 3-Garnituren. Gegenüber der Erstlieferung weisen die 4010.018 bis 032 eine verbesserte Sekundärfederung und geringfügige Modifikationen bei den Toiletten, der Bistroeinrichtung und der Klimaanlage auf. Sie sind mit dem Zugsicherungssystem ETCS Level 2 Baseline 3 ausgerüstet. Die neuen Triebwagen wurden im Sommer 2021 ausgeliefert, somit konnte die Westbahn die 4010.001 bis 008 zwischen dem 3. und 7. September 2021 an die DB übergeben. Die farbenfroh lackierten Fahrzeuge bieten auf zwei Etagen 506 Sitzplätze in den Klassen Standard (366 Sitzplätze), Comfort (106) und First (34). Jeder Wagenteil verfügt über ein eigenes Café samt Betreuung durch Stewards am Platz.

Bei Weng im Flachgau befand sich der 4110.013 am 20. Juni 2017 als Zug WB 908 auf der Fahrt in die Mozartstadt Salzburg.

Westbahn GmbH

4110.009 bis 017

Die Westbahn GmbH bietet seit Dezember 2011 Fernverkehr zwischen Wien und Salzburg im Stundentakt zu günstigen Preisen an, die Züge endeten zunächst am Wiener Westbahnhof. Um nach der Umlegung des gesamten Fernverkehrs der ÖBB zum Wiener Hauptbahnhof ebenfalls näher ins Zentrum fahren zu können, hat die Westbahn GmbH im Jahr 2015 den Entschluss gefasst, ab Dezember 2017 die Relation Wien – Salzburg im Halbstundentakt zu bedienen und unter Benutzung des Lainzer Tunnels sowie der S-Bahn-Stammstrecke nach Wien-Praterstern zu fahren. Das Zusatzangebot war nur mit zusätzlichem Personal und weiteren Fahrzeugen zu bewältigen. Noch im selben Jahr wurden auf Basis der Triebzüge 4010.001 bis 007 ein Sechsteiler als 4010.008 (KISS 2 mit 526 Sitzplätzen) und neun vierteilige Fahrzeuge mit den Nummern 4110.009 bis 017 geordert, die im Unterschied zur vorigen Serie über eine einflügelige Schwenkschiebetür verfügen sowie eine verbesserte Druckdichtigkeit, eine geänderte Wagenkastenkonstruktion und ein verbessertes WLAN aufweisen. Durch das Weglassen der Wagen 200 und 300 reduzierte sich die Sitzplatzanzahl auf 326 Plätze. Die Einsatzdauer der neun Vierteiler währte nur kurz, bereits im Juli 2019 wurde der Verkauf der gesamten Flotte beschlossen. Die Übergabe der Vierteiler an die DB AG erfolgte noch im selben Jahr, seither sind die Triebwagen als DB-Baureihe 4110 im Einsatz.

TECHNISCHE DATEN

Hersteller: Stadler
Lieferung/Indienststellung: 2017
Spurweite: 1.435 mm
Achsfolge: Bo' Bo' + 2' 2' + 2' 2' + Bo' Bo'
Länge über Puffer: 102.600 mm
Gewicht: 230 t/251 t (beladen)
Achslast: 14,38/15,69 t (beladen)
Höchstgeschwindigkeit: 200 km/h
Stromsystem: 15 kV/16,7 Hz Wechselstrom
Verwendung/Einsatzgebiet: IC-Verkehre Wien – Salzburg
Außerdienststellung: 2019

Ein typischer Zug für die Badner-Bahn: ET 125 und ET 403 als Zug 161 auf der Fahrt von Wien nach Baden unweit von Traiskirchen (23. Mai 2014).

Wiener Lokalbahnen

ET 101 bis 103, 105, 106 und 108 bis 126

TECHNISCHE DATEN

- Hersteller: SGP Graz
- Lieferung/Indienststellung: 1979 – 1983
- Spurweite: 1.435 mm
- Achsfolge: B' 2' 2' B'
- Länge über Puffer: 26.750 mm
- Gewicht: 37 t (leer)/47 t (besetzt)
- Achslast: 4,63 t/5,9 t
- Höchstgeschwindigkeit: 80 km/h (auf 78 km/h gedrosselt)
- Leistung: 380 kW
- Stromsystem: 600 V*/ 750 V**/850 V Gleichstrom
- Verwendung/Einsatzgebiet: Nahverkehr
- Außerdienststellung: –

* Oper – Schedifkaplatz (Wien-Meidling)
** Schedifkaplatz – Inzersdorf

Einen regelrechten Innovationsschub erfuhren die WLB im Jahre 1979, als erstmals nach 51 Jahren Neubautriebwagen für die Lokalbahn Wien – Baden beschafft wurden. Von 31 geplanten achtachsigen, hochflurigen Gelenktriebwagen wurden bis Ende 1993 in sechs Etappen 26 Fahrzeuge in Dienst gestellt. Sie lösten sukzessive die formschönen Altbautriebwagen ab und nach vollständiger Ablieferung wurde die Intervallverdichtung auf 7,5 Minuten vollzogen. Die straßenbahnähnlichen Fahrzeuge werden in Doppeltraktion eingesetzt, verfügen über drei Einstiegsbereiche und haben 194 Plätze, 64 davon sind Sitzplätze. Zwei der vier Drehgestelle sind als Triebdrehgestelle ausgebildet und mit je einem längsliegenden Gleichstrom-Reihenschlussmotor bestückt. Die elektrische Ausrüstung ist unterflurig angeordnet und in Unterkästen zusammengefasst. Die ET 101 ff. tragen heute gemeinsam mit den ab 2000 beschafften Dreiteilern der Serie 400 die Hauptlast im Regional- und Nahverkehr auf der 27 km langen Badner Bahn. Allerdings steht ihre Ablöse durch die Serie 500 bevor, von denen 18 Fahrzeuge bestellt sind (mit einer Option auf weitere 16). Die Fertigung findet bei Alstom in Wien-Donaustadt statt.

Die Verwandtschaft zu den Triebwagen der Wiener U6 ist unverkennbar in ET 406 mit ET 109 am 23. Mai 2014 bei Traiskirchen.

Wiener Lokalbahnen

ET 401 bis 414

Die Wiener Linien beschafften für das Wiener U-Bahn-Netz für die Linie U6 spurtstarke Niederflurtriebwagen des Typs T. Auf Basis dieser Konstruktion orderten die WLB beim selben Hersteller im April 1998 zunächst sechs derartige Niederflurtriebwagen der Type T400 für ihre Lokalbahnlinie Wien Oper – Baden Josefsplatz. Die ersten Triebwagen gelangten im Jahr 2000 zur Auslieferung, bis 2010 wurden insgesamt 14 Exemplare in Dienst gestellt, die zur Serie 100 traktionstechnisch kompatibel sind und gemeinsam eingesetzt werden können. Durch die Kombination von Triebwagen der Serien 100 und 400 wird die notwendige Barrierefreiheit erreicht. Beim Typ T400 handelt es sich um dreiteilige Doppelgelenk-Triebwagen mit zwei großen Außen-Schwenktüren pro Fahrzeugseite. Der Innenraum verfügt über geräumige Einstiegsbereiche, 70 Sitz- und 118 Stehplätze. Die Triebwagen sind mit konventionellen Triebdrehgestellen mit vier Drehstrom-Asynchron-Fahrmotoren ausgestattet und können wie die Vorgänger mit ihren zwei Führerständen als Zweirichtungstriebwagen betrieben werden. Die elektrische Ausrüstung wurde aus Platzgründen unterhalb des Fahrzeugkastens zwischen den Wagenschürzen angeordnet.

TECHNISCHE DATEN

Hersteller: Bombardier Wien Schienenfahrzeuge (BWS)
Lieferung/Indienststellung: 2000 – 2010
Spurweite: 1.435 mm
Achsfolge: B' 2' B'
Länge über Puffer: 26.942 mm
Gewicht: 35 t (leer)/47 t (besetzt)
Achslast: 4,4 t/5,9 t
Höchstgeschwindigkeit: 80 km/h
Leistung: 400 kW
Stromsystem: 600 V*/ 750 V**/850 V Gleichstrom
Verwendung/Einsatzgebiet: Nahverkehr
Außerdienststellung: –
* Oper – Schedifkaplatz (Wien-Meidling)
** Schedifkaplatz – Inzersdorf

Das Tandempaar 187.321 und 187.323 bespannte am 16. August 2019 einen Containerzug über den Semmering (bei Eichberg).

Wiener Lokalbahnen Cargo (WLC)

187.321 bis 326

TECHNISCHE DATEN

Hersteller: Bombardier
Lieferung/Indienststellung: 2017, 2019
Spurweite: 1.435 mm
Achsfolge: Bo' Bo'
Länge über Puffer: 18.900 mm
Gewicht: 88 t
Achslast: 22 t
Höchstgeschwindigkeit: 160 km/h
Leistung: 5.600 kW + 240 kW
Stromsystem: 15 kV/16,7 Hz und 25 kV/50 Hz Wechselstrom
Verwendung/Einsatzgebiet: Nationaler und internationaler Güterverkehr
Außerdienststellung: –

Die Wiener Lokalbahnen haben Ende 2016 zur Erweiterung ihres Fuhrparks, der bisher aus Siemens-Mehrsystemlokomotiven bestand, beschlossen, bei Bombardier drei Exemplare des Typs TRAXX F160 AC3 LM zu bestellen. Es handelt sich um sog. Last-Mile-Fahrzeuge, die mit dem eingebauten Dieselmotor auch nicht elektrifizierte Bereiche, u. a. in Containerterminals, befahren können. Der Kauf umfasst für acht Jahre auch die Wartung und Instandhaltung, zusätzlich enthielt der Vertrag eine Option auf weitere drei Maschinen und die Verlängerung der Wartung auf zehn Jahre. Die Optionseinlösung erfolgte 2019. Die sechs Lokomotiven sind für die Länder Deutschland, Österreich, Ungarn und Rumänien zugelassen, haben ETCS und werden im internationalen Güterverkehr entlang der Donauachse sowie in Österreich verwendet. Bei Auslieferung trugen die Maschinen ein dunkelblau/cremefarbenes Design mit großen Firmenaufschriften auf den Seitenwänden, 2021 erhielt die 187.321 ein neues Design in verschiedenen Blau- und Weißtönen mit einem Strichmuster. Die 187.324 besitzt das selbe Design wie der einzige Vectron der WLC (1193.980) und trägt den Schriftzug WLC in blauer bzw. weißer Farbe. Beide Loks unterscheiden sich wiederum von den neugestalteten WLC-Loks der Reihe 1216.9.

Die 1216.952 der WLC bespannte am 25. August 2016 den KLV-Zug 43910 bei Muckendorf-Wipfling nach Deutschland.

Wiener Lokalbahnen Cargo (WLC)

1216.950 und 955

Die WLC nutzte die Siemens-Vorratsproduktion und kaufte über diesen Weg insgesamt sechs Mehrsystemloks des Siemens-Typs ES 64 U4. Die Übergabe der ersten WLC-eigenen Lok fand im Rahmen eines feierlichen Festaktes 2010 in Wien bei Siemens statt. Nach der 1216.950 folgten die in Deutschland immatrikulierten 183.704 und 705 (2014 umgezeichnet in 1216.951 und 952) und danach die 1216.953 – 955. Die WLC setzte die 1216.9, die alle mit ETCS ausgestattet sind, im internationalen Güterverkehr entlang der Donauroute ein, vor allem im KLV-Verkehr aus dem Ruhrgebiet mit Ziel Wien bzw. Budapest. Im Zuge von Kooperationsverkehren mit großen Speditionen erhielten einzelne Loks Werbeanschriften. Die 1216.954 warb in grün/weißer Farbgebung für den oberösterreichischen Autoimporteur Hödlmayr, die weiß lackierte 1216.955 fungiert mit bunten Kontrastflächen als Werbeträger für den Partner Roland Spedition. Kurz nachdem WLC für seinen Fuhrpark ein neues Design geschaffen hat, wurde bekannt, dass ein Teil der Flotte abgegeben wird. Die 1216.951 bis 954 wurden am 29. September 2021 an die Tschechische Staatsbahn ČD verkauft.

TECHNISCHE DATEN

- Hersteller: Siemens (elektr. Teil); Siemens, SGP-Verkehrstechnik (mechan. Teil)
- Lieferung/Indienststellung: 2008 – 2011 / 2008, 2010 – 2012
- Spurweite: 1435 mm
- Achsfolge: Bo' Bo'
- Länge über Puffer: 19.580 mm
- Gewicht: 87 t
- Achslast: 21,75 t
- Höchstgeschwindigkeit: 230 km/h
- Leistung: 6.000 kW
- Stromsystem: 15 kV/16,7 Hz und 25 kV/50 Hz Wechselstrom; 1.500 V und 3.000 V Gleichstrom
- Verwendung/Einsatzgebiet: Nationaler und internationaler Güterverkehr
- Außerdienststellung: –

Der WLC-Vectron 1193.980 wurde am 21. April 2019 bei Riedau mit einem Containerzug im Bild festgehalten.

Wiener Lokalbahnen Cargo (WLC)

1193.980

TECHNISCHE DATEN
Hersteller: Siemens
Lieferung/Indienststellung: 2014
Spurweite: 1.435 mm
Achsfolge: Bo' Bo'
Länge über Puffer: 18.980 mm
Gewicht: 88 t
Achslast: 22 t
Höchstgeschwindigkeit: 160 km/h
Leistung: 6.400 kW
Stromsystem: 15 kV/16,7 Hz und 25 kV/50 Hz Wechselstrom
Verwendung/Einsatzgebiet: Nationaler und internationaler Güterverkehr
Außerdienststellung: –

Die Wiener Lokalbahnen Cargo (WLC), die organisatorisch aus den Wiener Lokalbahnen hervorgegangen sind, setzten zunächst auf Lokomotiven von Siemens der Reihe 1216 bzw. Taurus 3. Infolge der neuen Crash-Normen wurde die Fertigung dieses Typs eingestellt. Verschiedene Leasinggesellschaften hatten mittlerweile das Nachfolgemodell Vectron für ihre Kunden im Bestand, auch die WLC mietete solche Loks. Ende 2014 erwarb WLC einen Vectron AC, der 2014 unter der Fabriknummer 21934 gebaut wurde. Der mit ETCS ausgestattete Vectron ist in den Ländern Deutschland, Österreich und Ungarn zugelassen und wird entlang des Donaukorridors eingesetzt. Er trägt die NVR-Anschrift A-WLC 91 81 1193 980-0 und ist für 160 km/h zugelassen. Die Ablieferung erfolgte im Farbkleid mit den Unternehmensfarben Dunkelblau/Creme, die Unternehmenssignets sind in den blauen Farbflächen angebracht. Der Vectron ist im Bestand der WLC ein Einzelstück, alle anderen WLC-Vectrons waren bislang nur angemietet. Die 1193.980 erfuhr 2021 eine markante Designänderung: Die Farbaufteilung wurde geändert, nun dominieren die Farbtöne Blau und Weiß, die übergroßen Firmenanschriften mit dem Schriftzug „WLC" fallen sofort ins Auge.

Die V 90 der WLC beförderte am 17. Mai 2008 einen Nostalgiezug von Ernstbrunn nach Wien-Ostbahnhof.

Wiener Lokalbahnen Cargo (WLC)

90 bis 92

Verkehrsleistungen auf dem Streckennetz der ÖBB konzentrierten sich zunächst auf den Transport von Abraummaterial des im Bau befindlichen Lainzer Tunnels als neue Verbindungsstrecke zwischen West- und Südbahn. Für diesen Zweck wurden drei generalüberholte V 100.4 der ehemaligen Deutschen Reichsbahn von Bombardier (Adtranz) in Kassel gekauft; drei weitere V 100.4 gelangten übrigens als V 1504.01 – 03 zur CargoServ. Die ersten beiden von WLC erworbenen V 100.4 trafen im Dezember 2001 in Wien-Inzersdorf ein, im darauffolgenden Jahr die dritte. Sie erhielten die WLC-Betriebsnummern 90 bis 92, ab dem 5. September 2007 um die TSI-Nummer A-WLC 92 81 2000 090-8 bis 092-4 ergänzt. Die Loks wurden werksseitig in den WLB-Hausfarben Blau/Creme lackiert, die vollständige Beklebung erfolgte im Juli 2002. Zunächst wurden Abraumzüge (Materialtransporte) im Großraum Wien bespannt, später kamen lokale Güterzugleistungen unterschiedlichster Art sowohl auf dem eigenen Streckennetz als auch auf ÖBB-Strecken hinzu. Als Besonderheit ist der Einsatz einer Lok vor Nostalgiezügen nach Ernstbrunn zu nennen.

TECHNISCHE DATEN

Hersteller:
LEW, Bombardier (Adtranz)
Indienststellung WLC:
2001/2002
Spurweite: 1.435 mm
Achsfolge: B' B'
Länge über Puffer: 14.360 mm
Gewicht: 72 t
Achslast: 18 t
Höchstgeschwindigkeit:
100 km/h
Leistung: 1.060 kW
Verwendung/Einsatzgebiet:
Lokale Güterzugleistungen
Außerdienststellung: –

Frisch versorgt mit Wasser und Kohle verlässt die Lok 3 am 28. Juli 2015 den Werkstättenbereich in Jenbach und fährt zu ihrem Sonderzug.

Zillertalbahn

Dampflokomotive 3 „Tirol" (Reihe Uv)

TECHNISCHE DATEN

Hersteller: Krauss Linz
Lieferung/Indienststellung: 1902
Spurweite: 760 mm
Achsfolge: C 1' n2vt
Länge über Puffer: 7.804 mm
Gewicht: 27,5 t
Achslast: 6,9 t
Höchstgeschwindigkeit: 35 km/h
Verwendung/Einsatzgebiet: Dampfsonderzugverkehr
Außerdienststellung: –

Zwei Lokomotiven (Lok 1 und 2) als Vertreterinnen der Reihe U gehörten zur Anfangsausstattung der schmalspurigen Zillertalbahn, womit die Bahnlinie in den ersten beiden Betriebsjahren das Auslangen fand. Die Lok 1 wurde später als Denkmal in Jenbach aufgestellt, die Lok 2 verblieb im Bestand des Unternehmens und ist derzeit an eine Museumsbahn in Großbritannien vermietet. Die Fertigstellung des letzten Streckenabschnitts von Zell am Ziller nach Mayrhofen am 31. Juli 1902 erforderte eine weitere Dampflokomotive, die ebenfalls von Krauss in Linz bezogen wurde. Die als Lok 3 bezeichnete Maschine ist als Nassdampflok konzipiert, wurde jedoch in der Verbundausführung geliefert. Dies bedeutete hinsichtlich der konstruktiven Ausführung, dass der große Durchmesser des Niederdruckzylinders eine geneigte Unterbringung beider Zylinder erforderte. Die Lok 3 trägt den Namen „Tirol" und befindet sich nach wie vor im aktiven Betriebsbestand der Zillertalbahn. Sie wird neben den anderen Dampflokomotiven im touristisch interessanten Dampfsonderzugverkehr zwischen Jenbach und Mayrhofen eingesetzt, wenn das Zuggewicht dies zulässt.

Dampflokomotive 4 (ex 83-076 JZ)

Die erste Lok 4 der Zillertalbahn war eine Krauss-Maschine von 1905 mit der Achsfolge 1'B n2vt. Sie wurde 1958 durch die Lok 4 in zweiter Besetzung, ex SKGLB 22 (Hersteller Borsig, Achsfolge E n2) ersetzt. Die Zillertalbahn verlieh den E-Kuppler 1974 an den Verein Bregenzerwaldbahn und verkaufte ihn später an Walter Seidensticker in Deutschland; heute befindet sich die Maschinen in Mauterndorf auf der Taurachtalbahn beim Club 760. Bei der gegenwärtigen Lok 4 (in dritter Besetzung) handelt es sich um eine Schmalspurlok der ehemaligen Jugoslawischen Eisenbahnen (JZ). Die Maschine gleicht der österreichischen Reihe Mh und hatte bei der JZ die Betriebsnummer 83-076. Die Lokomotive wurde vom Club 760 erworben und im September 1993 dem AW Meiningen zur Aufarbeitung überstellt. Nach absolvierter Hauptuntersuchung wurde die 83-076 gegen Ende Januar 1994 nach Jenbach überführt und für zunächst zehn Jahre der Zillertalbahn zur Verfügung gestellt. Die positiven Erfahrungen mit der leistungsstarken Maschine, die als Stammlokomotive für die schweren Nostalgiezüge fungiert, führte zur Verlängerung des Mietvertrags. Mittlerweile steht die Schlepptenderlok bald 30 Jahre im Zillertal im Einsatz und ersetzt seither die unwirtschaftlichen Doppelbespannungen vor den beliebten Dampfsonderzügen ins Tal.

TECHNISCHE DATEN

Hersteller: Krauss Linz
Lieferung: 1909
Indienststellung Zillertalbahn: 1994
Spurweite: 760 mm
Achsfolge: D 1' h2
Länge über Puffer: 13.700 mm
Gewicht: 52 t
Achslast: 7,6 t
Höchstgeschwindigkeit: 35 km/h
Verwendung/Einsatzgebiet Dampfsonderzugverkehr
Außerdienststellung: –

Die Lok 4 der Zillertalbahn befördert seit 1994 vor allem die schweren Nostalgiezüge zwischen Jenbach und Mayrhofen (bei Kapfing, 22. Juni 2002).

Wenn das Zuggewicht es zulässt, wird die Lok 5 vor dem Dampfzug nach Mayrhofen verwendet (Schlitters, 31. Juli 2015).

Zillertalbahn

Dampflokomotive 5 „Gerlos“ (Reihe Uh)

TECHNISCHE DATEN	
Hersteller:	Krauss Linz
Lieferung/Indienststellung:	1930
Spurweite:	760 mm
Achsfolge:	C 1' h2t
Länge über Puffer:	8.020 mm
Gewicht:	28,1 t
Achslast:	7,5 t
Höchstgeschwindigkeit:	40 km/h
Verwendung/Einsatzgebie:	Dampfsonderzugverkehr
Außerdienststellung:	–

Als weitere Vertreterin der Reihe U ist die Lok 5 zu nennen, die sich im Jahre 1930 mit dieser Betriebsnummer und dem Beinamen „Gerlos“ zur Zillertalbahn gesellte. Die als schwerste Vertreterin der Reihe U geltende Lok 5 wurde bei Krauss in Linz im Anschluss an eine Serie von sechs Maschinen für die BBÖ gefertigt und ist die einzige Tenderlokomotive der Zillertalbahn in Heißdampfausführung. Sie gehört der Bauart Uh an. Im Gegensatz zur Reihe U erhielt dieses Einzelstück der Zillertalbahn bereits eine elektrische Beleuchtung und wurde mit einer Caprotti-Ventilsteuerung ausgestattet, die 1941 aber durch eine Lentz-Ventilsteuerung ersetzt wurde. Die Lok 5 unterscheidet sich konstruktiv gegenüber den Loks 1 bis 3 durch einen geänderten Rahmenaufbau und den wesentlich höher liegenden Kessel, was ihr ein äußerst wuchtiges, wenn nicht gar bulliges Erscheinungsbild verleiht. Die Lok 5 befindet sich im aktiven Einsatzbestand der Zillertalbahn und wird wie die anderen Dampflokomotiven im Nostalgieverkehr nur noch gelegentlich eingesetzt. Alle Dampflokomotiven verfügen über eine Vakuumbremse.

Die D 1 der Zillertalbahn wird in Jenbach als Verschublokomotive verwendet (28. Juli 2015).

Zillertalbahn

D 1

Die Zillertalbahn erwarb im März 2013 von der Firma Tafag in Goldau (Schweiz) zwei Diema-Lokomotiven und zugehörige Steuerwagen der ehemaligen Zementfabrik Brunnen, die 1996 von der Hürlimann & Söhne AG an den Holcim-Konzern verkauft und 2008 von diesem stillgelegt worden war. Seit 1991 hatten dort zwei Wendezüge mit 750-mm-Spurweite den Kalkbruch von der Verladeanlage im alten Steinbruch Unterschönenbruch zum Werk neben der Trasse der Gotthardbahn befördert. Beide Diemas (Werksbezeichnung DFL 15/1.2) wurden im Jahr 1991 mit den Fabriknummern 5146 bzw. 5147 gefertigt und mit den Betriebsnummern „Brunnen 1“ und „Brunnen 2“ bezeichnet. Die Zillertalbahn beschaffte sie als Ersatz für die ehemaligen Loks der Rhein-Sieg-Eisenbahn, von denen nur noch die D 12 im Remisenverschub und bei der Rollwagen-Verladung Verwendung fand. Während die „Brunnen 1“ im Anlieferungszustand konserviert wurde, spurte man die „Brunnen 2“ im Juni 2013 im Rahmen einer Umgestaltung auf 760 mm um. Sie erhielt einen neuen dunkelroten Anstrich und Anschriften der Zillertalbahn, bei den Führerstandstüren wurden beidseits Rückblickspiegel montiert. Die neue Bezeichnung lautete D 1. Zum Zeitpunkt der Umgestaltung war die Funkfernsteuerung noch nicht in Betrieb.

TECHNISCHE DATEN

Hersteller: Diepholzer Maschinenfabrik F. Schöttler
Lieferung: 1991
Indienststellung Zillertalbahn: 2013
Spurweite: 760 mm
Achsfolge: B dh
Länge über Puffer: 5.900 mm
Gewicht: 20 t
Achslast: 10 t
Höchstgeschwindigkeit: 20 km/h
Leistung: 164 kW
Verwendung/Einsatzgebiet: Verschublokomotive
Außerdienststellung: –

Am 31. Juli 2015 war die D 13 noch bei der Zillertalbahn eingesetzt mit Zug 133 nach Mayrhofen bei Erlach.

Zillertalbahn

D 13 bis D 16

TECHNISCHE DATEN

Hersteller:
GLG Gmeinder, Mosbach
Lieferung/Indienststellung:
2004, 2007*
Spurweite: 760 mm
Achsfolge: B' B' dh
Länge über Puffer: 14.530 mm
Gewicht: 50 t**/54 t***/52 t
Achslast: 12,5 t**/13,5 t***/13 t
Höchstgeschwindigkeit:
70 bzw. 40 km/h
Leistung: 746 kW
Verwendung/Einsatzgebiet:
Wendezugverkehr, Güterverkehr
Außerdienststellung: –
* D 15 und D 16
** D 13
*** D 14 und D 16

Im Vorfeld einer umfassenden Modernisierung der Zillertalbahn und eines teilweise zweigleisigen Ausbaus der Strecke nach Mayrhofen wurden gemeinsam mit den ÖBB (Pinzgaubahn), neue Streckendieselloks beschafft, die in zeitgemäßer Technik und hinsichtlich des Arbeitnehmerschutzes dem neuesten Stand der Vorschriften entsprachen. Die Erstlieferung umfasste die D 13 und D 14, denen – nicht zuletzt wegen des starken Güterverkehrs und im Zuge der Beschaffung neuer Niederflurpersonenwagen – drei Jahre später die baugleichen D 15 und D 16 folgten. Bei den Drehgestell-Diesellokomotiven mit Wendezugsteuerung handelt es sich um die ersten, wirklich leistungsstarken Schmalspur-Großdiesellokomotiven in Österreich. Einsatzgebiet war zunächst der damals noch florierende Güterverkehr. Der unaufhaltsame Zusammenbruch und wenig später die Einstellung dieses Geschäftsfeldes zum Jahresende 2014 führten zum vermehrten Einsatz im Regionalzugverkehr zwischen Jenbach und Mayrhofen sowie dem Verkauf der D 13 im Jahr 2018 an die Salzburger Lokalbahnen (SLB), die sie als Vs 84 bezeichneten. Seit April 2021 kommen die Loks wegen der Aufnahme des Güterverkehrs Jenbach – Fügen aushilfsweise für die Mietloks auch vor Rollschemelwagen zum Einsatz.

Der VT 1 der Zillertalbahn wurde als Kurzzug mit einem Steuerwagen am 3. August 2015 bei Schlitters fotografiert.

Zillertalbahn

VT 1 (2. Besetzung)

Die gegenseitige Unterstützung mit Fahrbetriebsmitteln hat bei den österreichischen Privatbahnen eine lange Tradition. Ein gutes Beispiel für die gegenseitige Kooperation ist der VT 1 (2. Besetzung). Der Triebwagen gehört den Salzburger Lokalbahnen (SLB) und wird dort unter der Betriebsnummer VTs 11 geführt. Die SLB hatten das Fahrzeug im Jahr 2008 im Zuge der Betriebsübernahme der Pinzgaubahn von den ÖBB übernommen. Beide Privatbahnen vereinbarten 2012 einen langfristigen, für beide Bahnen nutzbringenden Fahrzeugtausch. Da die SLB für die dritte Wendezuggarnitur dringend einen Mittelwagen benötigten, wurde im Gegenzug dafür der VTs 11 ins Zillertal überstellt. Der bereits in den Zillertalbahn-Farben lackierte Triebwagen traf im Februar 2013 in Jenbach ein und wurde in der eigenen Werkstätte an die lokalen Gegebenheiten angepasst. Der VT 1 steht seit März 2013 im Einsatz und verkehrt gemeinsam im Wagenverbund mit anderen Triebwageneinheiten, meistens nur mit einem Steuerwagen. Er kann 104 Fahrgäste befördern, davon 36 auf Stehplätzen.

TECHNISCHE DATEN

Hersteller: Knotz/BBC, BWS
Lieferung: 1986
Indienststellung Zillertalbahn: 2013
Spurweite: 760 mm
Achsfolge: B' B'
Länge über Puffer: 18.300 mm
Gewicht: 29 t
Achslast: 7,25 t
Höchstgeschwindigkeit: 70 km/h
Leistung: 235 kW
Verwendung/Einsatzgebiet: Regionalverkehr
Außerdienststellung: –

Der VT 3 wurde am 11. Juli 2015 als dreiteilige Garnitur gemeinsam mit dem VT 6 auf dem zweigleisigen Abschnitt der Zillertalbahn im Bild festgehalten.

Zillertalbahn

VT/VS 3 und VT/VS 4

TECHNISCHE DATEN

Hersteller: Knotz/BBC
Lieferung/Indienststellung: 1984
Spurweite: 760 mm
Achsfolge: B' B' + 2' 2'
Länge über Puffer: 16.875 + 16.605 mm
Gewicht: 28,6 + 17,5 t
Achslast: 7,15 + 4,4 t
Höchstgeschwindigkeit: 70 km/h
Leistung: 228/301* kW
Verwendung/Einsatzgebiet: Regionalverkehr
Außerdienststellung: –
* VT 4 nach Motortausch 2006

In Anlehnung an die 1980/81 gelieferten VT 31 – 34 für die Murtalbahn beschaffte die Zillertalbahn in modifizierter Ausführung zwei solche Triebwagen samt passenden Steuerwagen. Hintergrund der Beschaffung war der bevorstehende Taktfahrplan mit modernem Rollmaterial. Die beiden Triebwagen konnten aufgrund des wegen des Rollschemelbetriebs größeren Lichtraumprofils der Zillertalbahn ohne Kopfverjüngung an den Führerständen ausgeführt werden. Der Triebwagen hat ein Fassungsvermögen von 64 Sitz- und 36 Stehplätzen. Der Steuerwagen weist 46 Sitz- und 20 Stehplätze sowie ein Gepäckabteil mit 11,3 m^2 Nutzfläche auf. Zur Verlängerung der Garnitur dienen die Mittelwagen (B4 32 – 35 und der BD4 42), mit denen sich – je nach Anforderung im vom Tourismus geprägten Seitental des Inntales – drei- und vierteilige Garnituren bilden lassen. Die Fahrzeuge wurden zwischenzeitlich modernisiert und präsentieren sich im aktuellen Design der Zillertalbahn. Beim VT 4 ist noch eine technische Besonderheit zu erwähnen: 2006 erhielt er eine 301-kW-Antriebsanlage und ist damit das am stärksten motorisierte Fahrzeug der 28 von Knotz gebauten Triebwagen.

Bei Zell am Ziller rollen der VT 5 und am Zugschluss der VT 8 am 3. August 2015 als Regionalzug 128 durch das Zillertal.

Zillertalbahn

VT 5 bis VT 8

Diese vier Triebwagen wurden in zwei Etappen beschafft. Wegen der Insolvenz der Fa. Knotz waren die Jenbacher Werke für den mechanischen Teil verantwortlich, die elektrische Ausstattung kam von ABB. Die Fahrzeuge lehnen sich in den Hauptmaßen an das konstruktive Grundmuster der VT 3 und VT 4 an. Die Triebwagen waren ab Werk mit einer stärkeren Antriebsanlage ausgerüstet und können als Pärchen mit entsprechenden Mittelwagen zu drei- bzw. vierteiligen Garnituren zusammengestellt werden. Da die Triebwagen über keinen Gepäckraum verfügen, was sich im Fahrgastbetrieb in der Hochsaison bitter rächte, stattete man die vorhandenen Mittelwagen nachträglich mit einem zusätzlichen Gepäckabteil aus. 2004 wurden neue Niederflurpersonenwagen beschafft, um auch mobilitätseingeschränkten Personen die Möglichkeit zur Nutzung der Züge zu bieten. Für den Einsatz der neuen Triebwagen, die paarweise mit zwei Mittelwagen zusammengestellt sind, waren für den Mischbetrieb aller Fahrzeuge diverse Softwareanpassungen notwendig. Heute sind sowohl die Triebwagen als auch die Gmeinder-Dieselloks mit den Niederflur-Wendezuggarnituren aus dem dichten Verkehr der Zillertalbahn nicht mehr wegzudenken.

TECHNISCHE DATEN

Hersteller:
Jenbacher Werke, ABB

Lieferung/Indienststellung:
1993, 1998*

Spurweite: 760 mm

Achsfolge: B' B'

Länge über Puffer:
16.875/17.020* mm

Gewicht: 29,9 t

Achslast: 7,7 t

Höchstgeschwindigkeit:
70 km/h

Leistung: 250 kW

Verwendung/Einsatzgebiet:
Regionalverkehr

Außerdienststellung: –

* VT 7 und VT 8

Angemietete Lokomotiven

Baureihe 182.500

TECHNISCHE DATEN

- Hersteller: Siemens (elektr. Teil); Krauss-Maffei, Siemens, SGP-Verkehrstechnik (mechan. Teil)
- Lieferung/Indienststellung: 2000 – 2004
- Spurweite: 1.435 mm
- Achsfolge: Bo' Bo'
- Länge über Puffer: 19.280 mm
- Gewicht: 88 t
- Achslast: 22 t
- Höchstgeschwindigkeit: 230 km/h
- Leistung: 6.400 kW
- Stromsystem: 15 kV/16,7 Hz und 25 kV/50 Hz Wechselstrom
- Verwendung/Einsatzgebiet: Universallok
- Außerdienststellung: –

Die frühere ÖBB-Führung unter Helmut Draxler plante mit der Beschaffung der Taurus-Flotte auch die Bildung eines Lokpools mit Lokomotiven, die an Dritte vermietet werden sollten. Diese Idee hat kurzerhand der Hersteller Siemens selbst aufgegriffen und auf Basis der ÖBB-Reihe 1116 eine eigene Serie solcher Lokomotiven (Firmenbezeichnung ES 64 U2) gebaut, die von der Siemens Dispolok GmbH (heute MRCE) in München in Betrieb genommen wurden. Die in Dienst gestellten Lokomotiven trugen einerseits die Firmenbezeichnung ES 64 U2 samt anschließender laufender Nummer oder auch die LZB-Nummer 182.501 ff. Darüber hinaus entstanden Lokomotiven für die Hupac und andere Eisenbahnverkehrsunternehmen, die sogar aus der laufenden ÖBB-Produktion abgezweigt wurden. Mehrere österreichische Eisenbahnverkehrsunternehmen setzen diesen Loktyp ein. Die CargoServ hat die 182.580 bis 582 mit Funkfernsteuerung und derzeit auch die 182.599 angemietet. Im Bestand der LTE befinden sich die 182.568 und 574. Die Steiermarkbahn setzt die 182.512 im Güterzugdienst in Österreich und im Verkehr mit Deutschland ein. Gleiches gilt auch für die Walser Eisenbahn Gesellschaft mit den 182.508, 529 und 572. Vermieter dieser Serie ist ausschließlich MRCE

Die von CargoServ langfristig angemietete 182.580 rollt mit dem Erzzug 61020 zwischen Losenstein und Trattenbach durch das liebliche Ennstal in Richtung Linz.

Die 182.510 war zeitweilig als Beethoven-Werbelok gestaltet und brachte am 7. April 2020 den Leercontainerzug 95998 nach Wolfurt (bei Mötz).

Die 182.574 von MRCE gehört zu den sog. Bosporus-Sprintern. Sie wurde am 21. März 2019 mit der 1216.920 von Adria-Transport und einem Kesselwagenzug bei Neuhaus an der Gail fotografiert.

Angemietete Lokomotiven

Baureihe 185.500

TECHNISCHE DATEN
Hersteller: Bombardier
Lieferung/Indienststellung: 2000 – 2005
Spurweite: 1.435 mm
Achsfolge: Bo' Bo'
Länge über Puffer: 18.900 mm
Gewicht: 80 t
Achslast: 20 t
Höchstgeschwindigkeit: 140 km/h
Leistung: 5.600 kW
Stromsystem: 15 kV/16,7 Hz und 25 kV/50 Hz Wechselstrom
Verwendung/Einsatzgebiet: Universallok
Außerdienststellung: –

Die Baureihe 185 gehört zur Produktplattform TRAXX von Bombardier. Die Deutsche Bahn AG beschaffte diese Baureihe als Ersatz für die Einheitslokomotiven im Güterverkehr. Die erste Serie wird als TRAXX F140AC1 bezeichnet, die Ausführung mit verbessertem Rammschutz als TRAXX F140AC2. Bombardier hat die Produktplattform laufend weiterentwickelt und den Marktbedingungen angepasst. Die Bewährung im Güterverkehr bei der DB AG führte zur Beschaffung einer größeren Anzahl von Maschinen, die von mehreren Leasing- und Vermietungsgesellschaften in Auftrag gegeben wurden. Die Baureihenbezeichnung lautet 185.500. Die ersten Exemplare wurden im innerdeutschen Güterverkehr verwendet, später wurden sie zum Brenner und auf der Tauernroute eingesetzt, dank der Zweisystemeinrichtung aber auch entlang des Donaukorridors bis nach Ungarn. Eigentümer solcher Lokomotiven sind u. a. MRCE, Beacon Rail Leasing Ltd. und Alpha-Trains. Zwei Eisenbahnverkehrsunternehmen in Österreich setzen auf diesen Loktyp. Ecco hat von MRCE die 185.563 gemietet, weitere Loks sind bei LTE im Einsatz (185.592 und 596 von Beacon Rail Leasing Ltd. bzw. 185.608 und 621 von Alpha-Trains).

Die von der LTE eingesetzte 185.608 war am 12. August 2020 mit dem KLV-Zug 40648 bei Säusenstein im Einsatz.

Die MRCE 185.563 ist derzeit von Ecco angemietet. Am 25. März 2018 bespannte sie einen leeren Autotransportzug von Deutschland nach Ungarn (unweit von Hörsching).

Die im Crossrail-Design gestalteten 185.592 und 185.591 fahren am 21. September 2019 mit der abgebügelten 193.865 und einem leeren Getreidezug durch den Bahnhof Götzendorf.

Die weiß lackierte 1286.940 von LTE ist höchst selten in Österreich zu sehen. Am 2. Mai 2019 zog sie nördlich von Graz bei Stübing leere Autotransportwagen.

Angemietete Lokomotiven

Baureihe 186.100

TECHNISCHE DATEN

Hersteller: Bombardier
Lieferung/Indienststellung: 2006 – 2017
Spurweite: 1.435 mm
Achsfolge: Bo' Bo'
Länge über Puffer: 18.900 mm
Gewicht: 85 t
Achslast: 21,25 t
Höchstgeschwindigkeit: 160 km/h
Leistung: 5.600 bzw. 4000 kW
Stromsystem: 15 kV/16,7 Hz und 25 kV/50 Hz Wechselstrom; 1500 und 3000 V Gleichstrom
Verwendung/Einsatzgebiet: Mehrsystemlok für den Güterverkehr
Außerdienststellung: –

Der Markt benötigte Mehrsystemlokomotiven in Ausführungen, die auch in Gleichstromnetzen einsetzbar sind. So entstand die zweite TRAXX-Generation TRAXX F140MS2, die bei der DB AG als Baureihe 186.1 bezeichnet wird. Im Jahr 2006 wurde die 185 568 als Versuchsträger herangezogen und erstmals auf der InnoTrans 2006 in Berlin präsentiert. Es sind Vierspannungsmaschinen für Gleich- und Wechselstrom mit unterschiedlicher Leistung: 4 MW im Gleichstromnetz und 5,6 MW im Wechselstromnetz. Das Antriebssystem der Güterzuglokomotiven besteht aus einem Tatzlagerantrieb mit Drehstromtechnik. Bombardier lieferte mindestens 345 Exemplare an Angels Trains, CBRail, Euro Cargo Rail, Veolia Transport, Railpool, Akiem, Lokomotion, Rhenus Rail Logistics und Captrain Deutschland. Sie verkehren regelmäßig entlang des Donaukorridors sowie am Brenner, eingesetzt von Lokomotion im Durchlauf München – Verona. LTE setzt als einziges österreichisches EVU auf diesen Loktyp. Die 186.148 ist von Akiem angemietet, die 186.941 bis 186.945 von Railpool. Die 2017 gebaute 1286.940 gehört der deutschen Rhenus Rail Logistics, trägt aber eine österreichische Immatrikulierung: 91 81 1286 940-2 A-LTE.

Die 187 342 von Railpool beförderte am 21. Juli 2020 südlich von Summerau einen Holzzug aus Tschechien nach Lenzing.

Angemietete Lokomotiven

Baureihe 187

Die Baureihe 187 wird von Bombardier als Type TRAXX AC3 bezeichnet und stellt die jüngste Variante dieser Produktplattform dar. Sie wurde auf der Messe „Transport und Logistik" im Mai 2011 in München erstmals präsentiert. Es handelt sich um eine Zweifrequenz-Wechselstromlokomotive mit neuer Kopfform (aufgesetztes GFK-Modul), einem Dieselmotor für Last-Mile-Verkehre, verbessertem Antrieb, Funkfernsteuerung und vorbereitetem ETCS als weiterem Zugsicherungssystem. Der Dieselmotor (Leistung 230 kW) stammt von Deutz und erfüllt die Stage-IIIB-Abgasnorm, zusätzlich ist noch eine Last-Mile-Battery (LMB) eingebaut, deren Einspeisung aus dem Netz erfolgt. Der Dieseltank weist ein Volumen von 400 Litern auf. Wichtigstes Einsatzgebiet sind Ganzzüge zwischen Containerterminals und mit Anfang oder Ziel auf Anschlussbahnen ohne Oberleitung. Die Zugkraft beträgt generell 300 kN, im Betrieb mit dem Dieselmotor und ohne Batterie lediglich 260 kN. Die windschnittigen Lokomotiven wurden bisher von SRT, Railpool, WLE, Akiem, HSL, RHC, EPCD, LTE, IR und Metronom beschafft. Einige Maschinen der Baureihe 187 gehören österreichischen Eisenbahnverkehrsunternehmen, weitere sind angemietet. Ecco betreibt aktuell die Railpool-Lokomotiven 187 304, 342 und 346. Die 187 312 fährt derzeit für die LTE.

TECHNISCHE DATEN

- Hersteller: Bombardier
- Lieferung/Indienststellung: 2011 – 2022
- Spurweite: 1.435 mm
- Achsfolge: Bo'Bo'
- Länge über Puffer: 18.900 mm
- Gewicht: 84 t
- Achslast: 21 t
- Höchstgeschwindigkeit: 160 km/h
- Leistung: 5.600 kW + 230 kW
- Stromsystem: 15 kV/16,7 Hz und 25 kV/50 Hz Wechselstrom, zusätzlich Last-Mile-Modul
- Verwendung/Einsatzgebiet: Universallok
- Außerdienststellung: –

Die 189 von MRCE verkehren auch entlang des Donaukorridors, wie hier die 189 280 am 18. August 2019 mit einem Autoganzzug von Ungarn nach Deutschland (bei Gramatneusiedl).

TECHNISCHE DATEN

Hersteller: Siemens
Lieferung/Indienststellung: 2003 – 2012
Spurweite: 1.435 mm
Achsfolge: Bo' Bo'
Länge über Puffer: 19.580 mm
Gewicht: 87 t
Achslast: 21,75 t
Höchstgeschwindigkeit: 140 km/h
Leistung: 6.400 kW AC; max. 4,2 bzw. 6 MW DC
Stromsystem: 15 kV/16,7 Hz und 25 kV/50 Hz Wechselstrom, 1.500 und 3.000 V Gleichstrom
Verwendung/Einsatzgebiet: Internationaler Güterverkehr
Außerdienststellung: –

Angemietete Lokomotiven

Baureihe 189

DB Schenker hat im Jahr 1999 an Siemens den Auftrag zur Lieferung von 100 Lokomotiven auf Basis der Baureihe 152 erteilt, die im internationalen Güterverkehr rund um Deutschland einsetzbar sind. Siemens entwickelte daraufhin die Mehrsystemlok ES 64 F4. Die Herausforderung bzw. die Kunst war es, vier verschiedene Stromsysteme, mehrere Lichtraumprofile und zahlreiche Beleuchtungssysteme, Sicherheitsvorschriften und Signalsysteme zu beherrschen und die teils sehr gegensätzlichen Bestimmungen unter einen Hut zu bringen. Siemens setzte auf neue Technologien wie IGBT-Umrichter und LED-Technik. Zur Einhaltung des Gewichtslimits kam Leichtbauweise zur Anwendung. Neben den Loks für die DB entstanden weitere Maschinen für Siemens-Dispolok GmbH (heute MRCE) und zahlreiche Operateure im Eisenbahnverkehr wie SBB, Hector Rail, DFG, DBSRI, MTEG, Cargo Trans Vagon, WLE, PKP Cargo, Locon, Express Rail, RTC, Lokomotion, RailOne und CFI. Die Siemens-Mehrsystemlokomotiven waren bereits kurz nach der Fertigstellung in Österreich zu sehen, zu den ersten EVU gehörte Lokomotion/RTC. Andere EVU setzen die Baureihe 189 auf der Tauernstrecke oder entlang des Donaukorridors ein. MRCE hat mehrere Loks an österreichische EVU vermietet: die 189 201, 208, 280, 283, 909, 997 und 998 befinden sich bei Ecco, 189 936 bei der Frachtbahn Traktion (FBT).

Das Bild zeigt die beiden Farbschemata von MRCE, das 2006 Siemens Dispolok übernommen hat. Die Dispoloks waren wie die 189 924 zitronengelb/silbern lackiert. Vorspannlok auf der Tauernbahn bei Penk war am 6. August 2012 die schwarz lackierte 189 938.

Angemietete Lokomotiven

Baureihe 193

TECHNISCHE DATEN

Hersteller: Siemens
Lieferung/Indienststellung: 2011 – 2022
Spurweite: 1.435 mm
Achsfolge: Bo' Bo'
Länge über Puffer: 18.980 mm
Gewicht: 90 t
Achslast: 22,5 t
Höchstgeschwindigkeit: 160 km/h
Leistung: 6.400 kW AC/6.000 kW DC
Stromsystem: 15 kV/16,7 Hz und 25 kV/50 Hz Wechselstrom, 1.500 und 3.000 V Gleichstrom
Verwendung/Einsatzgebiet: Internationaler Güterverkehr
Außerdienststellung: –

Die Elektroversion des Siemens-Typs Vectron wird als Baureihe 193 bezeichnet. Nach der neuen Crash-Norm EN 15227 war ein offenes Führerhaus mit aufgesetzter GFK-Haube als Rammschutz nicht mehr zulässig, deshalb entwickelte Siemens die Vectron-Familie. Mit mehreren Testlokomotiven ging Siemens auf Kundensuche. Die ersten Käufer waren beim Vectron nicht die großen Staatsbahnen, sondern private Eisenbahnverkehrsunternehmen, die Leasingfirmen beauftragten. Zwischenzeitlich sind mehr als 1.000 Exemplare in den Ausführungen Vectron MS, Vectron AC und Vectron DC gefertigt worden. Die Präsenz des Vectron ist heute unübersehbar, die dank der prosperierenden Vermietung weiterhin forciert wird. Mehrere EVU setzen Vectrons in Österreich ein, als Vermieter sind ELL in Wien, MRCE in München, Siemens und Railpool zu nennen. CargoServ setzt neben der eigenen Lok die 193 250 von ELL mit entsprechender Folierung ein. Ecco hat gleich 15 Vectrons von ELL gemietet, und zwar 193 201, 202, 217, 225, 233, 241, 242, 244, 247, 743, 745, 753, 760, 960 und 962. Zudem setzt Ecco die Railpool-Loks 193 804, 813, 875, 990 und 998 ein. Die 193 646, 650, 668 und 670 gehören MRCE, die 193 767 Siemens. Das junge Unternehmen Frachtbahn Traktion GmbH begann den Betrieb mit einer speziell designten Lok, derzeit werden die 193 208, 211, 221, 230, 720, 755 und 764 (alle von ELL) eingesetzt. Der LTE gehören die 193 694 und 697, von MRCE ist die 193 876 angemietet und von ELL die 193 216, 232, 261, 262, 270, 272, 280, 286, 299, 723, 729, 733, 739, 740 und 757. MMV-Rail hat zwei ELL-Vectrons im Einsatz – 193 212 und 228. Die Raaberbahn/GySEV setzt neben eigenen Vectrons die drei ELL-Mietlokomotiven 193 235, 245 und 246 ein. Die Wiener Lokalbahn Cargo hat ihre 1216-Flotte durch neuere Vectrons auf Mietbasis ersetzt. Von ELL stammen die 193 213, 223, 224, 236, 237, 238, 243, 251, 284 und 758. Die Vectron AC mit den Nummern 193 601, 602, 610 und 877 sind von MRCE gemietet. Spezielle Seitenanschriften geben Auskunft über den jeweiligen Mieter der Lokomotive.

Die von ELL an Ecco vermietete 193 225 ist am 21. Januar 2016 mit Getreidewagen bei Asten-St. Florian unterwegs.

Die von MMV-Rail eingesetzte 193 228 des Vermieters ELL rollt am 21. Mai 2016 mit Kesselwagen durch den früheren Bahnhof von Wernstein.

Personalmangel ist bei der Eisenbahn schon seit einiger Zeit ein Thema. Die privaten EVUs setzten schon früh auf Eigenwerbung, wie die WLC mit dem Slogan „Komm zum Zug“ auf der 193 228 von ELL (bei Andorf, 21. April 2019).

Die 193 694 – erster von LTE erworbener Vectron – befindet sich am 14. Juni 2021 mit dem RGJ 1035 bei Tallesbrunn auf der Fahrt nach Wien.

Auch die Frachtbahn Traktion GmbH setzt einen Vectron ein. Die dunkelblau folierte 193 764 wurde von ELL langfristig angemietet (bei Neumarkt-Kallham, 17. Juni 2021).

Bevor die GySEV Vectrons kaufte, wurden mehrere Loks angemietet, darunter auch die 193 235 (mit einem Kesselwagenzug bei Andorf, 4. September 2019).

Die 193 213 von ELL ist mit Werbeanschriften von WLC versehen und fährt schon lange für WLC. Am 11. August 2020 beförderte sie bei Säusenstein an der Donau den KLV-Zug 41152.

Impressum

Verantwortlich: Andreas Ritz
Grafische Gestaltung/Bildbearbeitung: Kurt Heidbreder
Umschlaggestaltung: GM unter Verwendung von Fotos von Markus Inderst
Lektorat: Dr. Karlheinz Haucke
Herstellung: Anna Katavic
Printed in Slovenia by Florjancic

Unser komplettes Programm finden Sie unter www.geramond.de

In diesem Buch wird aus Gründen der besseren Lesbarkeit das generische Maskulinum verwendet. Weibliche und anderweitige Geschlechteridentitäten werden dabei ausdrücklich mitgemeint, soweit es für die Aussage erforderlich ist.

★★★★★

Sind Sie mit diesem Titel zufrieden? Dann würden wir uns über Ihre Weiterempfehlung freuen. Erzählen Sie es im Freundeskreis, berichten Sie Ihrem Buchhändler oder bewerten Sie bei Ihrem nächsten Onlinekauf. Und wenn Sie Kritik, Korrekturen oder Aktualisierungen haben, freuen wir uns über Ihre Nachricht an GeraMond Media GmbH, Postfach 40 02 09, D-80702 München oder per E-Mail an lektorat@verlagshaus.de

Die Deutsche Nationalbibliothek verzeichnet diese Publikation in der Deutschen Nationalbibliografie; detaillierte bibliografische Daten sind im Internet über http://dnb.d-nb.de abrufbar.

Infanteriestraße 11a,
80797 München
ISBN 978-3-96453-541-2

Titel
Das Vectron-Tandempaar 1293.044 und 1293.039 befuhr am 30.09.2019 erstmals die Mittenwald- und die Außerfernbahn und brachte mit dem Güterzug 45182 Gleisschotter von Saalfelden nach Reutte in Tirol, aufgenommen kurz vor dem Bahnhof Klais.
Kleines Bild rechts oben: Dieseltriebwagen 5063.008 der GKB.

Bildnachweis

Udo Broßmann/Slg. Markus Inderst:	93
Heribert Fladerer:	137
Peter Haslebner:	40, 81
Wilhelm Hosek/Slg. Ing. Peter Kuderna:	59
Ernst Kabelka:	76, 77, 78, 118
Ing. Peter Kuderna/Slg. Mag. Markus Inderst:	132
Ing. Alfred Moser/Slg. Mag. Markus Inderst:	130
Nagy/Slg. Mag. Markus Inderst:	157
Erich Nährer/Slg. Mag. Markus Inderst:	47, 48, 50, 54, 55, 75, 79, 80, 87, 109, 110, 154
Thomas Oberkalmsteiner:	116
Dr. Helmut Petrovitsch:	163
Wolfgang Schränkler/Slg. Markus Inderst:	73
Anton Stolz/Slg. Mag. Markus Inderst:	44
Dietmar Zehetner:	68, 69, 70, 138, 142, 143, 152, 184

Alle anderen Bilder stammen vom Buchautor